AF619621

SUR LE MOYEN

DE VENIR AU SECOURS DE L'AGRICULTURE

Réduite à vendre aujourd'hui son principal produit au-dessous des frais de culture.

« Je connais, j'apprécie l'importance de la
» protection que je dois à l'Agriculture : il y a
» beaucoup à faire, et je prendrai les moyens
» nécessaires, pour arriver au but que nous de-
» vons tous désirer d'atteindre.
» Je compte sur les Français, pour seconder
» mes efforts pour leur bonheur. »

Paroles de CHARLES X.

BIBLIOTHÈQUE ROYALE

NANCY.

1824 et 1825.

A MESSIEURS

Les MEMBRES du CONSEIL SUPÉRIEUR du COMMERCE et des COLONIES, les MEMBRES DU CONSEIL GÉNÉRAL de l'AGRICULTURE, les BANQUIERS de Paris et Laurentie. (Voir la note 1re). (*)

(*) Toutes les notes sont renvoyées à la fin de l'imprimé.

Messieurs,

J'ai l'honneur de vous adresser un plan de réserves de blé indigène, par des prêts à l'agriculture au taux le plus modéré, pour qu'elle ne soit pas réduite, comme aujourd'hui, à vendre son principal produit au plus vil prix, cause toujours immédiate d'une disette factice.

Cette question veut être envisagée sous ses divers rapports d'intérêt; celui du Consommateur, cause de toute production; celui de l'Agriculture, source de toutes les richesses; celui du Commerce qui doit mettre tous les capitaux en mouvement, pour ne laisser oisif aucun bras; enfin celui de la *tranquillité du royaume*, source première de toutes les prospérités.

Craindre d'abuser de vos momens, en vous priant d'apporter un examen approfondi à cette question, ce serait offenser le zèle dont vous êtes animés pour le bien de notre pays.

C'est de l'opinion d'hommes aussi éclairés que j'attends de savoir si je dois mettre au néant le plan de la double opération dont il s'agit, ou si je puis le livrer à la connaissance du public, avec les redressemens dont vous l'aurez jugé susceptible.

Je suis avec le plus profond respect,

Messieurs,

Votre très-humble et très-obéissant serviteur.

Nancy, le 15 septembre 1824.

APERÇU DES MOTIFS

1° *Des Réserves de Blé;*

2° *De la certitude de leur écoulement à la consommation nationale.*

MOTIFS DES RÉSERVES.

Nous voyons dans le Moniteur du 3 août dernier l'attestation, par le ministre de l'intérieur, du prix des grains, pour tout le royaume, et les représentations respectueuses de la Chambre des Pairs, *sur l'insuffisance des approvisionnemens des vivres de la Guerre, sur la crise dont notre existence agricole est menacée par la vileté du prix des grains, et sur l'urgence des mesures à prendre par le gouvernement, pour éviter de grands malheurs publics.* Voici comme s'exprimait la Chambre des Pairs par l'organe de M. le marquis d'Herbouville :

« Dans toutes les parties de la France, on se plaint non-» seulement du bas prix des grains, mais encore de l'impossi-» bilité de les vendre. Quelques esprits méditatifs en accusent » ces terribles blés d'Odessa qui, depuis leur introduction en » 1817, ont porté la plus funeste atteinte à notre agriculture.

» La position dans laquelle nous sommes à cet égard, mérite » toute l'attention du gouvernement. N'est-il pas à craindre » en effet que les propriétaires soient bientôt aussi dans l'im-» possibilité de payer l'impôt et de donner de l'ouvrage à la » classe industrieuse. C'est un malheur qu'on ne peut envi-» sager sans effroi, tant les conséquences en sont graves. Nous » n'en parlons pas pour répandre des alarmes, mais afin de » provoquer l'administration supérieure qui peut seule prendre » les mesures propres à nous garantir de ce danger. (Note 2e.) »

L'un des précédens ministres disait dans un rapport au Roi et à la Chambre des Députés (Séance du 13 octobre 1814) :

« Il résulte d'un travail fait avec soin au ministère de l'in-» térieur, que le gouvernement doit prendre toutes les mesures » qui sont en son pouvoir, pour que le prix du blé se main-» tienne, pour tout le royaume, au taux moyen de 12 fr. le » quintal marc, ou de 18 fr. l'hectolitre, afin que l'agriculture » puisse aquitter l'impôt et ses frais d'exploitation. »

Il est malheureusement avéré par les mercuriales générales du prix des grains, arrêtées par le ministre de l'intérieur, qu'il faudrait que le prix moyen fût depuis long-temps à 20 p. 0/0 plus élevé, pour atteindre celui indispensable au salut de notre agriculture.

Dans les départemens des Pyrénées-Orientales, de l'Aude, de l'Hérault, du Gard, des Bouches-du-Rhône, du Var et de la Corse où le blé est toujours le plus cher, où l'importation est encore défendue, lorsque l'hectolitre est coté 24 fr., la mercuriale du Moniteur déjà cité, ne le porte qu'à 15 fr. 73 c. pour juillet. Dans le mois suivant la mercuriale le porte à un franc encore plus bas.

Depuis ces représentations de la Chambre des Pairs, le prix moyen du blé a diminué de plus en plus (note 3e) : c'est donc avec raison que cette première Chambre a adressé ses vœux au gouvernement, sur la position critique de notre agriculture. Mais le gouvernement du Roi ne peut que faire exécuter les lois qui s'opposent à l'introduction des blés étrangers, quand les nôtres sont descendus aux prix fixés par la loi.

Le gouvernement augmentera-t-il les impôts, pour faire des réserves ; détournera-t-il tout-à-fait le commerce de ses rapports avec l'agriculture, l'empêchera-t-il de l'aider d'une partie de ses capitaux ; enfin, dans les années calamiteuses, assurera-t-il sur lui seul la responsabilité de la subsistance des peuples ? Cette question a déjà été résolue par la Chambre des Députés. Et si la conduite du gouvernement, malgré la circonstance opportune des réserves, est conforme aux vœux de cette seconde Chambre pour que le commerce en soit chargé, celui-ci ne fera-t-il rien pour l'agriculture ?

Si jamais elle ne fut plus en souffrance, jamais aussi elle n'a offert autant de ressource, pour entreprendre des réserves à un prix modéré.

« L'Agriculture, disait SA MAJESTÉ, en ouvrant la ses-
» sion de , est la source de tous les biens. »

Elle est au bonheur vrai de la France, ce qu'est à la richesse de l'Angleterre son commerce maritime.

Si la prospérité de celui-ci procure à nos voisins un travail productif qui leur fait chérir les lois, la misère de celle-là renvoie ses plus forts enfans s'amollir et corrompre leurs mœurs dans nos villes, déjà si souffrantes elles-mêmes de cette misère.

Et quelle marque plus certaine faudrait-il de la ruine de celui qui est obligé de vendre ce qu'il produit, à 20 pour 0/0 au-dessous de ses frais ?

Si l'on est convaincu que, lorsque notre agriculture souffre, toutes les autres branches d'industrie doivent souffrir également, il est utile de rechercher les meilleurs moyens de la relever et de l'entretenir, par des secours réels, dans un état prospère et continuel d'encouragement.

Lui procurer pour vingt ans, à l'intérêt le plus modéré, tous les capitaux dont elle pourra avoir besoin;

Relever le prix de son principal produit, quand il tombe dans l'avilissement, le rehausser par un moyen qui nous préservera des disettes factices ou réelles, et par conséquent de la seule chose qui pourrait troubler l'ordre rétabli;

Enfin, la faire participer, sans mise de fonds, à une opération qu'elle surveillera elle-même, pour gagner deux capitaux égaux à celui qu'elle aura déjà acquis;

Tel est, à la portée de toutes les intelligences, le résultat que présente la double opération projetée des *Réserves par des prêts à l'Agriculture*, en se renfermant même dans les lois actuelles d'exportation et d'importation; lois que le gouvernement ne craindra plus d'améliorer, dès que les réserves par le commerce seront exécutées.

Ce serait une bien grande erreur de se reposer uniquement, pour la tranquillité publique, sur les sept années d'abondance que nous venons d'avoir, et sur l'avilissement actuel du prix du blé. Car c'est précisément cet avilissement qui favorise, avec peu de capitaux, les achats ocultes laissés sur place, jusqu'à ce qu'on fasse mine d'exporter les blés, quand une récolte mauvaise ou simplement douteuse, fait mettre en mouvement toutes les machinations de l'intérêt personnel et de la cupidité, pour exciter le renchérissement. Sans avoir besoin de chercher des exemples bien loin dans le passé, n'avons-nous pas vu ces abondantes récoltes de 1814 et 1815 suivies immédiatement des disettes factices de 1816 et 1817, qui mirent la chose publique en péril, alors que toutes les mers étaient libres, toutes les frontières ouvertes, et que même le roi de Prusse avait ordonné des envois considérables de grains pour venir à notre secours ? La cupidité paralysa tout; ce qu'alors elle osa, elle l'osera toujours : arrachant au poids de l'or jusqu'au blé de semence, pour exciter tous les besoins en même temps, elle nous fit voir bientôt l'habitant même des campagnes, qui essayait deronger

l'écorce des arbres, dans ces jours où la terre couverte de neige ne produit plus. « Alors, disait M. Ternaux, dans son mé-
» moire sur l'approvisionnement de Paris, on voyait de pauvres
» ouvriers se grouper avec crainte devant la porte du riche, et
» implorer la mort pour prix d'un travail qui ne pouvait plus
» les nourrir. Des chaumières d'où l'on était inquiet de ne voir
» sortir personne, on les a ouvertes, et l'on a eu l'affreux spec-
» tacle du père, de la mère et des enfans morts d'inanition. »
(Note 4e).

La crainte de jours semblables, à défaut de précautions, ne paraîtra plus autant éloignée, si l'on veut se pénétrer qu'il n'y eut pas d'intervalle entre la vileté du prix du blé, comme aujourd'hui, et une excessive cherté. N'aurons-nous encore d'autre ressource que nos accusations contre les saisons, jusqu'à ce que puni, de notre imprévoyance, on nous applique ce mot de Rivarol : *Que le pire des malheurs est de mériter son malheur.* Nous ne cesserons donc de faire des vœux conformes à ceux des deux Chambres, pour qu'il soit pris des mesures, afin d'éviter que la cupidité, pour moindre des maux dans les mauvaises années, nous rende tributaires de sommes considérables, pour des secours étrangers de peu d'importance. Tant de malheurs appréhendés, sembleraient devoir être prévenus par la double opération des prêts et des réserves, par des *Sociétés départementales* qui recevraient leur mouvement d'un centre commun, et où le commerce et l'agriculture trouveraient des avantages réciproques. Leur prompt établissement est d'autant plus à désirer aujourd'hui dans notre France populeuse, que les réserves naturelles d'autrefois ne peuvent plus exister depuis le morcellement des grandes propriétés.

Quant à ces sociétés départementales, c'est le cas de rappeler ici l'opinion d'un noble Pair de France, M. le comte d'Escars, lors de la discussion du dernier budjet. Il disait : « L'agricul-
» ture a, sans doute, fait des progrès rapides en France depuis
» la restauration ; mais elle manque de débouchés et de capitaux.
» Il manque aussi à son puissant auxiliaire, au commerce, un
» système de crédit plus étendu qui facilite les échanges, par un
» signe représentatif plus transportable que l'argent. (Quel serait
» le signe plus transportable et d'une valeur plus réelle que les
» actions de la société projetée, allant toujours en hausse ?) Un
» homme d'état célèbre, M. Pitt, regardait comme un service

» important rendu par lui à son pays, l'établissement des banques
» provinciales. En effet, la prospérité de l'Angleterre date de
» la présidence de ce ministre aux affaires publiques. »

2° CAUSES

De la certitude du placement des réserves à la consommation nationale.

M. le Député de Lastours a distribué à ses collègues, en 1819, un relevé du prix des grains année par année, et remontant jusqu'à 400 ans, pour démontrer qu'il ne s'était pas écoulé une période de cinq années, sans que le prix ordinaire du blé, n'eût doublé, triplé et même quadruplé.

Durant même ces années de calme, à cause de la présence des blés d'Odessa dans nos ports, depuis notre frayeur de 1816 et 1817, nous n'avons pas moins vu dans ce département de la Meurthe, l'hectolitre de blé acheté au prix de 10 francs et remonter ensuite à 20.

Ainsi il est bien constant que, lorsque le blé sera acheté à 15 francs l'hectolitre, on ne pourra manquer *tôt ou tard* de le revendre en France, avec une différence de 2 à 3 dans le prix d'achat et celui de vente, afin de ne pas dépasser le prix de 23 fr. l'hectolitre, qui est la limite moyenne du droit de la mise à la consommation nationale des blés étrangers.

Mais c'est ce *tôt ou tard* qu'il s'agit de bien apprécier, d'après la leçon du passé.

Pour nous qui n'avons pas voulu compter, même une seule fois, pour notre combinaison, sur le double du prix ordinaire dans le cours de 20 années consécutives, notre travail, pour ce laps de temps, ne porte qu'à quatre fois la variation de 2 à 3 dans le prix du blé. C'est là, nous le répétons, le point essentiel de la question, et qu'il convient de bien examiner, parce que, si on est d'accord avec nous sur ce point, tous les avantages indiqués pour l'agriculture et pour la Société qui les procurera, sont résolus.

On va voir par la citation ci-après, la Chambre des Pairs appuyer le relevé fait par M. le Député de Lastours, pour prouver la cause des renchérissemens qui surviennent *tous les quatre ou cinq ans*, et la bonne manière de conserver les blés SANS DÉCHET NI FRAIS DE MANUTENTION.

La Chambre des Pairs, par l'organe de sa commission, M. le DUC DE LÉVIS portant la parole, après avoir démontré (Moniteur du juillet 1821) par un exemple, pour 30 années, que les quantités de blé, exportées et importées, quoique à peu près égales, présentaient néanmoins une énorme différence au désavantage de nos finances, a dit :

« Cependant il reste une grande difficulté. Que fera-t-on de » l'excédant des grains dans les bonnes années ? Car il en faut » un, pour suppléer au déficit des mauvaises récoltes qui re- » viennent TOUS LES QUATRE OU CINQ ANS. Ce qu'il en faut faire ? » ce que la prévoyance la plus commune conseille ; ce que » l'instinct enseigne aux animaux : GARDER POUR LE BESOIN. » Cette vue n'est pas nouvelle ; mais il est plus que temps de » s'en occuper SÉRIEUSEMENT. LA principale objection contre les » approvisionnemens et les RÉSERVES, LE DÉCHET CONSIDÉRABLE » ET LES FRAIS D'ENTRETIEN ET DE MANUTENTION, est écartée, » parce que l'on a perfectionné en France les moyens em- » ployés, depuis un temps immémorial, par des peuples bien » moins avancés que nous dans les arts, les Polonais et les » Barbaresques. »

On va voir aussi, par la citation suivante, tous les vœux que la seconde Chambre fait pour les réserves, et pour que ce soit le commerce et non le gouvernement qui les exécute.

La Chambre des Députés (séance du 22 juin 1819) a dit, par l'organe de sa commission, M. LAINÉ (de la Gironde) portant la parole :

« Si le gouvernement entreprenait lui-même des RÉSERVES il » les ferait MAL ET FORT CHER ; il détournerait le commerce » qui ne s'expose jamais à lutter contre un concurrent qui peut » perdre impunément....

» Espérons que des capitaux se consacreront à des établisse- » mens qui puissent recevoir et conserver les grains, soit POUR » LES BESOINS DE LA FRANCE, soit pour ceux des ÉTATS VOISINS » où nous allons SOUVENT chercher des secours que nous y de- » vrions porter. »

(Ces lignes terminent le rapport, comme étant celles qui doivent exciter d'avantage l'attention.)

Ainsi, les réserves tant réclamées de toute part, par l'intérêt général et l'intérêt particulier, seront non-seulement autorisées, mais protégées par le gouvernement qui, d'après l'exposé du ministre de l'intérieur, lors du projet de loi sur les grains, en

1819, était pénétré, disait-il, de la bien grande et terrible responsabilité qui pesait sur lui, et dont il ne pourra être délivré que par les réserves.

MM. les Députés de Lastours et Ternaux, en 1819, avaient, dans deux projets imprimés alors, envisagé cette question sous des vues différentes.

Nous avions aussi, à la même époque, fait distribuer aux deux Chambres un plan de réserves, par des banques départementales; et l'un des deux Députés les plus imposés en France, nous marquait alors par sa lettre du 31 janvier 1820. « Votre écrit sur le commerce des blés, traite d'un sujet d'une » haute importance, pour la prospérité de notre agriculture; et » c'est un acte d'un bon citoyen d'appeler sur lui l'attention » du ministère. » M. Bertier de Roville, le correspondant du Conseil général de l'Agriculture près le ministère de l'intérieur, pour le département de la Meurthe, l'un des hommes les plus versés dans la connaissance pratique des besoins et du mouvement des produits de l'agriculture, parce qu'il s'est uniquement livré à cette partie à la suite de ses recherches à l'étranger, cet agronome nous mandait aussi par sa lettre du 29 janvier 1820:

« Comme entreprise particulière à laquelle votre travail ser- » virait d'un guide utile, le projet que vous présentez, débar- » rassé par conséquent de la tutelle de toute administration qui » dépendrait du gouvernement, et par suite, des taxes qu'il » faudrait asseoir sur les contribuables déjà si surchargés, mé- » riterait davantage, à mon avis, l'assentiment des publicistes » qui ont écrit sur le commerce des grains, et qui ont appro- » fondi cette importante matière.

» En effet, ce que peuvent faire des particuliers est toujours » mieux fait, et fait avec plus d'économie que par des admi- » nistrateurs naturellement intéressés à grossir leurs frais, jamais » à les diminuer; et, suivant Turgot qui l'a prouvé, les frais » de l'administration dans le commerce des grains, excèdent » toujours les frais joints au bénéfice du marchand.

» Je pense que tant que la sécurité des personnes, la garan- » tie des propriétés, la concurrence illimitée, et la stabilité des » lois existeront, ce qui n'est tout bonnement que le maintien » intégral et l'observance sévère de notre Charte, le gouverne- » ment n'aura pas à craindre la moindre responsabilité sur le » commerce des subsistances. Nous aurons, nous, d'autant

» moins d'inquiétudes d'en manquer dans les années vraiment » disetteuses en grains, qu'une agriculture alors plus pros- » père, pourra nous en offrir, ainsi que le commerce, de plus » variées.

» Si l'on s'en rapporte d'ailleurs constamment à l'intérêt » personnel, de la plus importante des précautions nécessaires, » pour approvisionner une nation en grains, celle d'ensemencer les » terres, pourquoi ne pas s'en rapporter au même intérêt, de leur » commerce, de leur garde, pour le même approvisionnement ? » Après l'industrie du cultivateur, a dit Smith, nulle n'est plus » favorable à la production du blé, que celle des marchands de blé.

» Les discussions qui ont eu lieu assez récemment en Angleterre » sur le même objet, ont jeté un nouveau jour sur les effets de » l'intervention de l'autorité dans l'approvisionnement, et pa- » raissent être en faveur du système de la liberté.

» En effet, jamais la récolte ne manque à la fois, en plusieurs » pays distans les uns des autres ; et un grand commerce de blé, » bien établi, oblige à des approvisionnemens préparés d'avance, » à des dépôts considérables, qui éloignent plus que toute autre » cause, la possibilité d'en manquer ; tellement qu'on peut affir- » mer, d'après les raisonnemens et de l'expérience de la Hollande » principalement, que ce sont précisément les états où il ne vient » pas de blé, qui ne sont jamais exposés à des disettes, ni même » à des chertés bien considérables.

» Voilà ce que m'ont appris mon séjour à St.-Domingue, à » Hambourg, et la lecture de l'abbé Rosier, de M. de Boislandry, » de M. le comte A. Costaz, de M. le comte Chaptal, et surtout de » l'excellent traité de l'économie politique de J.-B. Say, dernier » ouvrage vraiment classique qu'on enseigne dans les universités » d'Allemagne, en Angleterre et même en Espagne.

» Pour vous dire toute ma pensée sur votre projet, *contre la » vente à vil prix des blés indigènes*, *et contre la disette*, *ou » factice ou réelle*, il me paraît, (vu notre législation qui li- » mite (1) le commerce des blés), d'une utilité indispensable, et

---

(1) Relativement à cette question où les passions sont nulles, chacun voit à sa manière la prospérité de son pays. Nous avons vu deux hommes célèbres assis sur le même banc, M. B. Constant, demander le commerce illimité, et M. Manuel, le commerce limité, lors de la discussion de la dernière loi sur les blés. (Note de l'éditeur, qui croit avec M. Manuel et le gouvernement que, pour l'extérieur, ce commerce doit être limité dans l'in-

» le perfectionnement des greniers d'abondance, d'autant plus complet, qu'il serait facile de faire adopter aujourd'hui, pour la » conservation des grains, les fosses dites silos, proposées par M. le » comte de Lasteyric.

» Cette heureuse idée d'une association des propriétaires avec » les capitalistes, présente aux uns et aux autres des avantages » trop certains, pour que vous ne poursuiviez pas l'exécution de » votre plan que je crois très-praticable. Des hommes quelque » estimables et patriotes qu'ils soient, mais qui, sous notre régime » constitutionnel, acquerront tous les jours une connaissance plus » exacte du mouvement que nos besoins donnent aux choses, » diront peut-être que ce projet est le rêve du bien : pour moi, » je ne pourrai que vous répéter avec tant d'autres, qu'il en sera » la réalité, pour peu que la persévérance accompagne la philan- » tropie qui l'a conçu. »

Agréez, monsieur, etc. *Signé* A. Berthier.

Certes, il n'était pas possible de recevoir un plus grand encouragement de la part d'une personne que je ne connais que par sa réputation d'être profondément versée dans la matière que je lui soumettais. Cependant il fallait encore ce penchant aux vastes entreprises par association, et cette protection que leur accorde aujourd'hui le gouvernement, pour nous déterminer à reproduire le plan de celle-ci en faveur de l'agriculture.

Sous Saint-Louis, la classe intéressante des laboureurs fut soulagée par d'utiles secours. L'un de ses petits-fils, le légitime auteur de notre loi fondamentale, disait naguère, en ouvrant une session législative : « Messieurs, ne perdez pas de vue que l'agriculture est la source de toutes nos richesses. » Enfin, si le monarque qui va nous faire posséder tous les bons rois de la monarchie, disait (1) à son avènement à la couronne : « *L'Agriculture doit compter sur ma constante sollicitude ; j'implore l'assistance du*

---

térêt de la sécurité publique et de notre agriculture, puisque le bas prix des grains étrangers, et leur importation sans limite, ne pourraient que faire baisser encore plus le prix de nos blés.)

(1) En adressant aujourd'hui 15 septembre, cet écrit à M. le Préfet, nous lui mandons que c'est aux regrets sincères des Français, que leur nouveau Roi reconnaîtra leur amour pour lui. Nous anticipons ici, mais nous ne serons pas démentis toutes les fois que nous exprimerons des sentimens vraiment français.

ciel, et je compte sur les Français pour leur bonheur. » Si ce Roi qui a tant de droits à notre amour, si ce prince le plus généreux des Français, s'exprimait ainsi, ne serait-il pas du devoir de tout fidèle sujet, de déposer respectueusement aux pieds du trône, le tribut de son expérience, pour échapper à la crise dont la *Chambre des Pairs* a dit que nous étions menacés dans notre existence agricole.

Puissent les observations, qui seront faites sur le plan ci-après d'association, n'être point le produit de l'unique esprit de la controverse si facile sur toutes choses, mais le fruit du génie du bien qui aide à le mettre en mouvement !

OPÉRATIONS
ET BÉNÉFICES

Par approximation, de la Société de Prévoyance et de Secours réel pour l'Agriculture.

CETTE SOCIÉTÉ EMPLOIE SON FONDS SOCIAL,

Savoir :

5/8 A des prêts pour 20 ans à fonds perdu, à l'Agriculture, qui remet ses vingt obligations dites annuités, comprenant le capital et l'intérêt.

3/8 A des achats de blé dans les bonnes années, pour le revendre dans les années de récoltes médiocres, et récupérer avec bénéfice la somme de ces prêts à fonds perdu.

Les obligations des emprunteurs, dites annuités, seront de 8 pour o/o de la somme prêtée à fonds perdu.

Savoir :

5 p. o/o	Pour le remboursement par 20me, du capital prêté et supposé de 625 francs; ce qui fait par an....	31 fr. 25 c.
3 p. o/o	(1) Pour l'intérêt jusqu'à la 20me année dudit capital; ce qui fait par an.............	18 fr. 75 c.
8 p. o/o	Total de l'annuité, pour un prêt à fonds perdu, de 625 fr.....................	50 fr. 00

(1) On sait que le capital du prêt diminuant chaque année d'un 20e, et que l'intérêt de 3 pour o/o restant toujours le même sur le capital, cette invariabilité fait revenir ledit intérêt au taux moyen de 5 pour o/o pendant 20 ans.

Les actions seront de 1000 fr. et rapporteront un intérêt de 4 pour o/o, garanti par l'annuité hypothéquée sur la propriété. Cet intérêt est indépendant des bénéfices auxquels l'action donne droit.

La somme prêtée à l'Agriculture, sur une action de 1000 fr., sera, d'après la proportion indiquée ci-dessus, de 625 fr.; lesquels, à 8 pour o/o, produiront à la Société 20 annuités de 50 fr. l'une, ci.................................. 50 fr. 00. c.

La Société devant au porteur de l'action de 1000 fr., un intérêt annuel de 4 pour o/o, ci........	40 fr. 00 c.	Somme pareille.
Il restera annuellement, pour les frais de l'administration centrale et des départemens, un cinquième des annuités, ci..........	10 fr. 00 c.	

EMPLOI ET PRODUIT

D'une action de mille fr.................... 1000 fr. 00 c.

5/8	Prêtés à fonds perdu à l'agriculture................		625 f 00 c.	
3/8	2 p. o/o de l'action de 1000 fr. pour sa négociation, ci...	20 fr. 00 c.	375 f 00 c.	Somme pareille.
	Pour être employés aux achats de blé, ci.	322 fr. 73 c.		
	Pour frais de construction des fosses à blé, dites silos, 10 p. o/o sur la somme ci-dessus de 322 f 73 c., d'après les dernières expériences faites par M. Ternaux aîné, ci......	32 fr. 27 c.		

Les 322 fr. 73 c. ci-dessus à employer en achats de blé, devant servir à acquitter l'action de 1000 fr. au terme de l'association, avec un bénéfice, il est nécessaire de le démontrer par l'opération supposée et suivie pendant les 30 années, d'après les chances les moins avantageuses; et l'on verra que le capital est déjà plus que couvert à la 13e année.

ANNEÉS.		fr.	c.
1re 2e 3e	On suppose donc qu'un hectolitre de blé acheté au prix de 15 fr. aujourd'hui ne pourra être revendu à la moitié en sus de ce prix, qu'à la fin de la 3e année.		
	Ainsi, un achat de blé fait aujourd'hui, pour la somme ci-dessus, de..	322 fr.	73 c.
	Produira à la 3e année la somme de...	161	36
		484	09
4e	Cette somme est placée alors par la Société à l'intérêt de 3 p. o/o par an jusqu'à ce que le blé soit redescendu au prix ordinaire, ce qui fait pour la 4e année, ci....................	14	52
		498	61
5e	Cette somme est placée de même pendant la 5e année ci..............	14	96
		513	57
	A cette époque la Société trouve à acheter du blé à un prix qui lui offre la chance de le vendre 3 années après, avec la différence de 2 à 3. Mais attendu qu'il n'existe de silos, que pour contenir le blé provenant de la première somme de 322 fr. 73 c. il convient d'en établir d'autres, en proportion des trois dernières sommes qui sont entrées dans les caisses de la Société, et qui s'élèvent ensemble à 190 f. 84e dont les 10 p. o/o pour les silos, sont de 19 fr. 08 c. à déduire, ci...	19	08
	RESTE.....	494	49
6e 7e 8e	Laquelle somme est employée, comme il est dit ci-dessus, à des achats de blé pour rester dans les silos pendant les 6e 7e et 8e années, et pour être vendu alors à la moitié en sus du prix d'achat ci....................	247	24
		741	73
9e	Cette somme est placée à l'intérêt de 3 p. o/o pendant la 9e année ci.....	22	25
		763	98

ANNÉES.			
	REPORT....	763 f	98 c
10e	Cette somme est placée à l'intérêt de 3 pour o/o pendant la 10e année ci....	22	92
		786	90
	A cette époque la Société trouve à acheter du blé à un prix qui lui offre la chance de le vendre 3 années après, avec la différence de 2 à 3. Mais attendu qu'il n'existe de silos, que pour contenir le blé provenant de la somme de 494 f. 49 c., il convient d'en établir d'autres, pour les trois sommes qui depuis sont entrées dans les caisses de la société, et qui s'élèvent ensemble à 292 f. 41 c. dont les 10 p. o/o, pour les frais de nouveaux silos, sont de 29 f. 24 c. à déduire ci...........	29	24
	RESTE.......	757	66
11e 12e 13e	Laquelle somme est employée, comme il vient d'être dit, à des achats de blé, pendant les 11e, 12e et 13e année, et pour être vendu alors la moitié en sus ci....................	378	83
		1136	49
14e	Cette somme est placée à 3 p. o/o pendant la 14e année ci...........	34	09
		1170	58
15e	*Id.* pendant la 15e année ci......	35	12
		1205	70
	A déduire, pour la construction des nouveaux silos, 10 p. o/o des trois dernières sommes qui sont entrées dans la caisse de la Société, s'élevant ensemble à 448 fr. 04 c., ci.........	44	80
	RESTE.....	1160	90
16e 17e 18e	Après la 15e année la Société trouve à acheter du blé, à un prix qui lui offre la chance de le vendre trois ans après avec la différence de 2 à 3, c'est-à-dire, la moitié en sus, ci.........	580	45
		1741	35

ANNÉES.			
	REPORT.....	1741	35
19ᵉ 20ᵉ	Cette somme est placée à 3 p. o/o pendant la 19ᵉ année, ci..........	52	24
		1793	59
	Id. pendant la 20ᵉ année.	53	81
		1847	40
	A déduire, pour la construction de nouveaux silos, 10 p. o/o des trois dernières sommes entrées dans la caisse de la Société, s'élevant ensemble à 686 f. 50 c., ci........................	68	65
	RESTE.....	1778	75
21ᵉ 22ᵉ 23ᵉ	Après la 20ᵉ année, la Société trouve à acheter du blé à un prix qui lui offre la chance de le vendre trois ans ensuite avec la différence de 2 à 3, c'est-à-dire, la moitié en sus, ci.......	889	37
		2668	12
24ᵉ	Cette somme est placée à 3 p. o/o pendant la 24ᵉ année, ci............	80	04
		2748	16
25ᵉ	*Id.* pendant la 25ᵉ année ci.......	82	44
		2830	60
	A déduire, pour la construction de nouveaux silos, 10 p. o/o des trois dernières sommes entrées dans la caisse de la Société, s'élevant ensemble à 1051 fr. 85 c., ci..........................	105	18
	RESTE...........	2725	42
	A déduire 250 fr. pour les 50 fr. dus chaque année au porteur de l'action, et à l'administration de la Société, lesquels 50 fr. n'ont pu être servis pendant les années 21, 22, 23, 24 et 25 par les annuités des emprunteurs qui se trouvent entièrement libérés à la 20ᵐᵉ année, ci..	250	00
	RESTE.............	2475	42
26ᵉ 27ᵉ 28ᵉ	Après la 25ᵉ année, la Société trouve à acheter du blé à un prix qui lui offre la chance de le vendre 3 ans ensuite avec		

ANNÉES.			
	REPORT......	2475	42
	la différence de 2 à 3, c'est-à-dire, la moitié en sus, ci..................	1237	71
		3713	13
	A déduire 250 fr. pour les 50 fr. dus comme ci-dessus, et pour les 26e, 27e, 28e, 29e et 30e années, ci.........	250	00
	RESTE........	3463	13
29e	Cette somme est placée à 3 pour o/o pendant la 29me année, ci...........	103	89
		3567	02
	Id...Id... pendant le 30me année, ci.	107	00
30e	RÉSULTAT approximatif de l'opération..	3674	02
	A déduire, avant partage, les mille francs dus au porteur de l'action, ci...	1000	00
		2674	02
	PRÉLÈVEMENT de 10 pour o/o pour l'administration, ci................	267	40
	Reste un bénéfice de......	2406	62
	Dont moitié pour le porteur de l'action, ci........1203f 31c. Et moitié pour l'emprunteur, ci.................1203 31. } Somme pareille.		

Ainsi le porteur de l'action rentrerait dans son capital, avec un bénéfice de 120 pour cent; et l'agriculteur sociétaire recevrait alors pour rien environ deux capitaux égaux à celui qu'il a déjà acquis, en se libérant de son emprunt.

La variation de 2 à 3, dans le prix du blé, est supposée ici n'arriver que 6 fois en 30 années; ce qui ne s'est jamais vu en France, et qu'on ne peut espérer d'y voir que lorsque le système projeté de navigation intérieure sera achevé. En supposant donc que la variation de 2 à 3 dans le prix du blé, n'arrivera qu'une seule fois de plus, le porteur de l'action en serait remboursé avec un bénéfice de 200 pour o/o, et le sociétaire agriculteur recevrait trois capitaux égaux à celui qu'il avait emprunté. Il serait donc vrai de dire avec SA MAJESTÉ, que l'agriculture en France est la source de toutes ses richesses. On ne saurait trop le répéter, le démontrer, le faire comprendre, pour nous préserver d'un nouveau fléau, la maladie des emplois, qui envahit toutes les classes de la société.

Et sur quelles bases plus solides et plus généreuses encore pour l'agriculture, l'association projetée ne s'établirait-elle pas, si par la suite, quand on sera pénétré de ses avantages, elle parvenait à placer ses actions à l'intérêt de 3 et même de 2 pour o/o au lieu de 4?

Comment, d'après la perspective de tant d'avantages, ne pas croire que le propriétaire sociétaire qui serait embarrassé, pour le paiement de quelques annuités, ne trouverait tous les secours désirables auprès des membres fortunés de l'association, parce que ses Statuts consacreraient que ces secours par les Sociétaires, auraient la priorité sur toutes les autres dettes du propriétaire emprunteur, lorsqu'on devrait lui compter la portion du bénéfice qui lui reviendrait.

Ajoutons, pour les hommes animés de l'amour de la prospérité de leur pays, mais en même temps peu confians dans tout ce qui est nouveau, que nous avons fait aussi le calcul de l'opération, en ne supposant que 4 variations de 2 à 3, pour le prix du blé dans l'espace de 30 ans, et que néanmoins, elle présente un bénéfice de 100 pour o/o à partager entre les intéressés.

En faisant hommage de ce précis, nous n'avons d'autre désir que d'acquitter la dette de notre père, ancien employé de l'état, et d'exciter les observations des honorables personnes auxquelles il est adressé, et celles de leurs amis, pour servir à compléter un plan d'association qui doit être conçu moins dans la vue d'augmenter la fortune de ceux qui en feront partie, que de seconder leur amour du bien public, en les rendant les instrumens les plus actifs de notre nouvelle prospérité.

APERÇU

DE LA FORMATION

De la Société de Prévoyance et de Secours réel pour l'Agriculture.

Le plan de cette association conçue dans l'unique but de notre prospérité, aura l'avantage de n'avoir rien coûté, pour droit d'auteur, ni pour frais préalables. Il n'est et ne sera la propriété de personne individuellement; il appartiendra dans la plus parfaite égalité à tous ceux qui feront partie de l'association.

Cependant, pour qu'elle puisse se former, il est à désirer que l'une des honorables personnes auxquelles il est fait hommage de ce plan, ou qu'un de leurs amis ayant une fortune suffisante, pour inspirer de la confiance, veuille y donner suite, et faire connaître qu'il est dans l'intention de recevoir les promesses de prendre des actions de cette Société, avec les observations dont ce plan est susceptible, pour son amélioration et sa mise à exécution.

Cet ami de notre prospérité agricole convoquerait une assemblée des personnes qui auraient promis de prendre des actions, pour y entendre discuter leurs observations, avec un projet des statuts de l'association pour 21 ou 30 ans.

Cette assemblée nommerait les commissaires surveillans de la société, et fixerait le cautionnement en immeubles, ou le nombre d'actions dont les associés gérans devront faire le dépôt ainsi que les préposés à la garde des réserves.

Les promesses de prendre des actions de la Société, ne seront définitives, qu'après leur ratification, lors de la publication des statuts arrêtés pour la Société (1).

Cette Société, comme celle dont les statuts viennent d'être arrêtés le 18 du mois dernier, par le roi des Pays-Bas, avec une reconnaissance si flatteuse pour les délégués des actionnaires, serait régie par cinq directeurs responsables, et dans chaque département, par des commissaires surveillans, lesquels réunis aux cinq directeurs, formeraient le conseil général de la Société (2).

Les commissaires surveillans composant les conseils d'aministration, seraient les plus forts actionnaires dans chaque département, et ils ne pourraient aussi choisir leur suppléant que parmi les plus forts actionnaires résidant dans le chef-lieu.

---

(1) Nous nous sommes déjà occupés de la rédaction de statuts qui ont été approfondis par de célèbres jurisconsultes, afin qu'ils fussent en rapport avec les lois. Nous en ferons faire la remise, dès que nous apprendrons le nom de la personne qui voudra donner suite à ce plan d'association.

(2) Ces directeurs pourraient être choisis parmi les estimables associés gérans de la banque DELACODRE et Compagnie, si, contre toute probabilité, cette banque projetée n'avait pas complété le placement de la première série de ses actions au 1er janvier 1825.

Seraient membres nés de ces conseils d'administration dans chaque département, les receveurs généraux, vu l'importance et l'utilité de leurs services, pour les mouvemens de fonds auxquels donneront lieu les prêts à l'agriculture et les placemens après les ventes de blé.

C'est de la bonne composition de l'administration gérante de cette société et de la sagesse de ses bases, que dépendra la facilité de traiter avec de riches banquiers français ou étrangers qui s'obligeraient à prendre pour leur part, jusqu'à une certaine somme, des actions de la Société, parce qu'ils auraient une juste confiance dans la stabilité de nos lois et de notre bon système hypothécaire (1).

La Société ne pourra contracter aucun marché, pour la négociation de ses actions, avec des banquiers non domiciliés en France, que 3 mois après la publication de ses statuts, afin de donner le temps à nos compatriotes de prendre un intérêt dans cette association.

Les actions pourront être versées en blé, jusqu'à la concurrence de la quantité et de la somme destinées aux réserves.

La Société, pour se mettre à la portée de la fortune de tous les particuliers qui désireraient faire partie de l'association, partagera, autant que les demandes l'exigeront, ses actions, par MOITIÉ et par CINQUIÈME, afin que la généralité des habitans, relativement aux réserves, soient les propres gardiens de leur fortune, et n'y voient qu'un moyen de sécurité publique.

Le conseil général de la Société décidera si elle sera anonyme, ou en commandite, et si elle prendra le titre de Société de Prévoyance, ou de Banque d'Agriculture (2).

---

(1) Il ne faut pas être bien profond dans le commerce des blés en France, pour savoir que les actions de cette Société, peu de temps après leur émission, pourront être vendues par les porteurs avec un bénéfice plus ou moins élevé ; quand on sera plus généralement instruit de la probabilité des chances qui surviendront, pour la différence de 2 à 3 dans le prix du blé, encore au moins pendant 40 ans, jusqu'à ce qu'enfin le système de canalisation projetée pour la France, soit achevé.

(2) Le célèbre ADAM SMITH a avancé dans ses écrits, que le problème d'une BANQUE D'AGRICULTURE, resterait malheureusement insoluble. Cependant les idées utiles à l'intérêt général, étant une succession de toutes les autres depuis la civilisation, il devait d'autant moins croire qu'elles s'arrêteraient à lui, qu'il venait de jetter de nouvelles lumières dans la société. Gardons-nous toutefois de nous flatter d'avoir résolu ce pro-

BIBLIOTHÈQUE ROYALE I

Pour que cette Société soit constamment en harmonie avec le principe de stabilité et de prospérité qui en a fait concevoir la pensée, et que la calomnie ne puisse jamais rien sur elle, les Statuts exprimeront que les préposés à la garde des réserves de blé dans les départemens, ne pourront être choisis que parmi les personnes désignées par MM. les Préfets.

Terminons par ce qui est si bien tracé dans notre âme : L'homme fortuné qui voudra donner une suite à ce plan d'association, en promettant de prendre lui-même des actions de la Société, prouvera mieux que toute autre chose, qu'il en a compris toute l'utilité pour la France, et aura bien mérité de cette patrie des enfans de Saint-Louis et d'Henri IV.

Des amis nous ayant conseillés de consulter la Société d'Agriculture de Nancy sur ce travail, nous lui avons adressé la lettre ci après par l'entremise du préfet du département.

Nancy, le 15 septembre 1824.

Messieurs,

J'ai l'honneur de vous adresser trois copies d'un précis *sur les réserves de blé*, *par des prêts à l'agriculture*, *au taux le plus modéré*, en osant espérer que vous voudrez bien me faire part des observations dont le plan vous aura paru susceptible, tant pour son amélioration, que pour sa mise à exécution.

Voici en analyse les questions sur lesquelles se fonde cette double opération.

1° La dernière mercuriale générale du blé-froment, insérée dans le Moniteur du 2 de ce mois, prouve-t-elle que le prix moyen de toute la France, est à 20 pour cent au-dessous de ce qu'il faudrait, pour que l'agriculture recouvrît ses frais de culture ?

2° La mévente du blé est-elle une double ruine pour les tra-

---

blème, tout en croyant aujourd'hui à sa solution pour la France, pour peu qu'un des honorables banquiers auxquels il est fait hommage de ce plan d'association, ait le temps de le lire et d'en améliorer le mouvement financier. Nous n'aurons eu d'autre mérite ici que d'avoir bien écouté les discussions sur cette matière, la seule où nous avons quelque pratique. Le banquier qui aura trouvé le moyen de réduire le taux de l'annuité, sera celui qui aura véritablement résolu le problème.

vaux de l'agriculture, là où le journalier habitué à être payé en nature, exige alors en argent le paiement de ses journées calculées sur le prix ordinaire du blé ?

3° Est-il utile de chercher un moyen d'empêcher le découragement de l'agriculture, et d'éviter que notre blé s'écoule au plus vil prix ?

4° La mise en réserve du superflu de nos blés dans les bonnes années, en rehaussera-t-elle le prix, et préservera-t-elle la France de troubles intérieurs, et de l'exportation de son numéraire dans les mauvaises années, pour des secours de peu d'importance qui nous viennent des états voisins où nous devrions souvent en porter ?

5° Les deux Chambres ont-elles eu raison de dire, par l'organe de leurs commissions, celle des Pairs : « *Que les mauvaises récoltes revenant tous les quatre ou cinq ans, il était plus que temps de s'occuper sérieusement des réserves.* » Celle des Députés : « *Que si le gouvernement entreprenait lui-même les réserves, il les ferait mal et fort cher, et détournerait le commerce qui ne s'expose jamais à lutter contre un concurrent qui peut perdre impunément.* »

6° Les réserves sur divers points du royaume, et surtout dans les places fortes, seront-elles de quelque secours, lors des grands approvisionnemens qui s'exécutent dans les cas de guerre ; et éviteront-elles que les agens du service militaire paraissent sur les marchés dans les temps de cherté, pour faire des achats à tout prix, concurremment avec le peuple ?

7° Les blés indigènes peuvent-ils se conserver sans déchet, ni frais de manutention dans les fosses dites silos ? et la dépense de construction de ces silos, d'après le système de M. le comte DE LASTEYRIE, et les dernières expériences, ne coûtera-t-elle que 10 pour cent du prix ordinaire du blé ?

8° La variation de 2 à 3 dans le prix du blé acheté dans les bonnes années, pour le revendre dans les années médiocres et mauvaises, aura-t-elle lieu au moins trois ou quatre fois dans le cours de vingt ans, en faveur d'une Société qui entreprendrait les réserves ?

9° Cette Société trouvera-t-elle à placer ses fonds à 3 pour cent, pour qu'ils soient placés avec sécurité ? et cet établissement est-il celui qui offre d'acheter les annuités de l'agriculture au taux le plus modéré ?

Si l'on ne peut s'empêcher de répondre affirmativement à toutes ces questions, celle contre la vente à vil prix du blé indigène, et contre la disette ou factice ou réelle, sera résolue par une Société qui hypothéquera le paiement de l'intérêt de ses actions, et les fera jouir d'un bénéfice important.

Quoique ce dernier objet ne serait pas ce qui vous toucherait le plus, Messieurs, cependant il sera digne de toute votre attention, parce que c'est de l'intérêt satisfait des actionnaires, que dépendent les avantages dont il s'agit ici pour l'agriculture, et que les vœux qu'on fait pour elle ne soient plus stériles.

J'ai une trop haute confiance dans vos lumières, Messieurs, et dans votre patriotisme, pour que votre opinion sur mon travail ne détruise ou n'accroisse les espérances que d'autres ont fait germer dans mes esprits entièrement livrés à ce genre d'occupations, depuis la cherté de 1817 où la cupidité nous fit payer du mauvais pain, jusqu'à 15 sous la livre dans ce département, où le blé est ordinairement au meilleur marché.

Je suis avec le plus profond respect,

MESSIEURS,

Votre très-humble et
très-obéissant serviteur.

* * *,

Petit-fils de l'amodiateur de l'ancien
Prieuré de V* (sur Meurthe.)

Nancy, le 20 septembre 1824.

MONSIEUR, j'ai reçu votre travail *sur les réserves de blé par des prêts à l'Agriculture, au taux le plus modéré.* Je m'empresse de transmettre ce travail à la Société d'Agriculture de Nancy, et je vous remercie de me l'avoir communiqué.

Recevez, etc.

Le préfet du département de la Meurthe,

Signé le vicomte DE VILLENEUVE.

Nancy, le 2 novembre 1824.

Monsieur, j'ai lu avec beaucoup d'intérêt, votre projet de *réserves de blé, par des prêts à l'Agriculture*. Il est soumis à l'examen de la Société centrale d'Agriculture de Nancy, et je recevrai avec plaisir son rapport sur un objet aussi intéressant.

J'ai l'honneur, etc.

Le préfet du département de la Meurthe,

Signé le marquis de Foresta.

La lettre à la Société d'Agriculture de Nancy, s'adresse également à toutes les Sociétés d'Agriculture du royaume, parce qu'elles sont à même de juger et de faire connaître aux agriculteurs, dans leur arrondissement, ce qui peut les intéresser.

Il ne serait pas étonnant que la Société centrale d'Agriculture de Nancy eût porté sur ce travail un jugement différent de celui qu'en pourront porter les autres Sociétés d'Agriculture, parce que celles-ci auront de plus sous leurs yeux, les Statuts de l'association projetée.

Forts de notre conscience et du bien que nous nous proposons, nous attendions avec une douce confiance (1) la réponse de la Société de Nancy, pour en appuyer notre travail; mais cette réponse ne nous parvenant pas, nous croyons devoir réfuter ici ce qu'une personne respectable nous a rapporté de l'opinion de cette Société d'Agriculture, dont les intentions toutefois n'ont pu être que celles d'hommes de bien qui désirent comme nous qu'on puisse proposer mieux.

---

(1) Puisse la vaine attente d'une réponse, ne pas échanger cette douce confiance en regrets amers, par l'impossibilité de faire aujourd'hui, ce qui aurait pu être fait un mois après notre lettre consultative, c'est-à-dire, un mois avant les inondations !

OBSERVATIONS De la Société d'Agriculture de Nancy.	RÉFUTATIONS.
Le capital de la somme prêtée à fonds perdu pour 20 ans, diminuant chaque année, il se trouvera cependant qu'à la 19me année, l'hypothèque que l'emprunteur aura fournie sur sa propriété, sera 19 fois plus élevée que ce qu'il restera devoir à la Société.	L'article 32 des Statuts exprime que l'emprunteur sera libre de faire diminuer l'hypothèque du montant de chacune des annuités qu'il acquittera à la Société. Ce Statut est par surabondance à l'article 2160 du Code civil, qui veut *que les tribunaux ordonnent la radiation, lorsque le titre est éteint ou soldé.*
L'opinion écrite de l'un des membres de la Société, a donné lieu à ce que l'on s'écriât dans la séance où cette opinion a été lue : *Usure ! Usure !*	Cette exclamation n'a été et n'a pu être que le résultat d'une opinion erronée; car M. le lieutenant-général Drouot (1), membre aussi de cette Société, s'était donné la peine de faire le calcul d'une somme ainsi prêtée à 8 pour o/o, pour être éteinte à la 20me année, intérêt et capital; et il a reconnu que ce genre de prêt faisait revenir le taux de l'intérêt à un peu au-dessous de 5 pour o/o. La personne dont l'opinion a été lue, qu'aurait-elle donc dit à l'égard de la caisse hypothécaire dont l'ordonnance d'autorisation a été contre-signée par M. Siméon, ancien ministre de l'Intérieur pour prêter à un intérêt de 55 pour o/o plus élevé! Il serait donc vrai de dire, que le bien est plus difficile à faire que le mal.

(1) Voir à la page 49 le rapport de M. le général Drouot, renfermant celui de M. de Dombasle, qui veut avec nous, que les réserves soient exécutées par le commerce. Ces réfutations étaient faites avant la connaissance du rapport, et nous n'avons pas besoin d'y rien ajouter, si ce n'est le redressement de l'erreur qui a donné lieu à cette exclamation d'usure, redressement qui précédera l'extrait du rapport de M. le général Drouot.

OBSERVATIONS De la Société d'Agriculture de Nancy.	RÉFUTATIONS.

Le gouvernement et les législateurs ont fait tout ce qu'ils devaient dans l'intérêt de la sécurité publique et de l'agriculture, en fixant des limites à l'exportation de nos blés, et à l'importation des blés étrangers.

Quant aux réserves, objet de second ordre, le gouvernement et les législateurs n'ont pu faire que des vœux pour qu'elles fussent exécutées par le commerce. *Espérons que des capitaux se consacreront, etc.*, a dit la commission de la Chambre des Députés, dont faisait partie M. DE VILLÈLE.

C'est le gouvernement qui doit faire lui-même les *réserves dans l'intérêt de la stabilité.*

(Opinion de M. le général DROUOT.)

Si le gouvernement entreprenait lui-même les réserves sous sa responsabilité, ne serait-elle pas compromise dans les années vraiment disetteuses : car aurait-il pu mettre des impôts assez lourds pour avoir des réserves suffisantes pour soulager alors toutes les souffrances, surtout si les machinations de la cupidité (1) et d'un mécontentement (note 5e) inséparable du régime de publicité, viennent se placer entre les besoins du peuple et la sollicitude du gouvernement. Qu'il soit le moteur invisible de tout le bien, et qu'il ne puisse jamais être soupçonné de faire le mal; tel est, suivant nous, l'axiome de la stabilité.

(1) La cupidité étant la même partout, son mouvement est aussi rapide que celui de l'électricité. Combien donc n'est-elle pas à redouter dans les temps de malheur, où exerçant un empire tyrannique, elle prend des forces dans notre épuisement. Et n'est-il pas à craindre qu'elle s'emparera toujours plus des esprits, à mesure que nous avançons dans le régime représentatif, dans cette nouvelle ère politique, qui veut que sans la fortune, eût-on en partage la morale du divin législateur, on ne puisse être électeur ni élu, pour parvenir ensuite à tous les emplois et tous les honneurs possibles. Nous aimons tous notre pays avec une égale ardeur; mais chacun inspiré différemment, ne voit pas de même ce qui peut en retarder ou hâter la prospérité. Pour nous, ce serait résister à notre conscience de ne pas dire, qu'à défaut de réserves de blé, exécutées par une ou plusieurs Sociétés de prévoyance, la France doit s'attendre incessamment à de nouveaux grands malheurs, qui seront occasionés par la cupidité.

OBSERVATIONS De la Société d'Agriculture de Nancy.	RÉFUTATIONS.
M. le général Drouot a craint que des particuliers ne vissent dans l'entreprise des réserves de blé, que leur intérêt personnel, ce grand mobile de nos actions, et qu'ils exposassent la patrie à de nouveaux troubles, à de nouveaux dangers, en créant des chertés réelles pour les peuples et factices pour eux.	Oui, sans doute, oui, les particuliers ceux qui ne sont liés par rien, qui achètent et vendent ou conservent, sans qu'aucune loi, aucun règlement authentique de société puisse les forcer de livrer sur les marchés cette denrée de première nécessité, et qui se porteront à tous les excès comme en 1817, où des personnes même réputées honnêtes, ayant en possession de gros tas de blé, hésitaient à nous en livrer un seul hectolitre pour cent francs, dans l'espoir de nous le vendre encore plus cher. Disons donc ce qui devrait le plus étonner (si les choses restaient dans l'état actuel; si les établissemens de prévoyance n'avaient pas lieu), ce serait que des ambitieux ne profitassent pas, lors de la première mauvaise récolte, du plus puissant levier, pour remuer les masses et nous replonger dans une révolution bien plus terrible, depuis que l'affaiblissement des principes éternels, considérés par la plupart comme préjugés, ne laisse plus de frein à la cupidité. Mais une association, liée par des Statuts authentiques, loin de faire redouter le moindre danger, devrait être mille fois bénie par un gouvernement éclairé. Les articles 14, 15 et 16 des Statuts de celle dont il s'agit, expriment qu'elle sera obligée de faire écouler toutes ses réserves à la consommation nationale, avant même que le gouvernement ait permis l'introduction d'un seul grain de blé étranger, d'après les lois existantes : et, le gouvernement, d'après l'article 19 des mêmes Statuts pourrait connaître chaque jour, au moyen de M. M. les Préfets, la situation des réserves de l'association. Quoi de plus rassurant! Ici finit notre tâche, et commence celle des fondateurs de cette Société.

PROCÈS-VERBAL

DE LA FONDATION

De l'établissement des réserves de blé indigène, par des prêts à l'Agriculture.

Nous soussignés tous membres de colléges électoraux de départemens, et tous également agissant ici par le principal désir de ne plus voir compromise la tranquillité intérieure qui seule peut faire jeter de profondes racines aux lois que réclament les besoins de la France, pour sa nouvelle prospérité, sous le Roi bien-aimé dont chaque parole est un gage du bonheur qu'il nous prépare :

Après avoir entendu l'exposé des motifs qui précèdent, *sur les réserves de blé indigène, par des prêts à l'agriculture, au taux le plus modéré*, et nous être pénétrés,

Que ces réserves sont d'une urgente indispensabilité, non-seulement pour préserver la France de troubles intérieurs, aux premiers jours d'une récolte douteuse, mais encore pour servir à relever le prix de son principal produit agricole tombé dans un avilissement tel qu'il est à craindre, comme l'exprime avec tant de sagesse, la Chambre des Pairs : « Que l'agri-» culture ne puisse plus bientôt donner de l'ouvrage à la » classe la plus populeuse ; malheur qu'on ne peut envisager » sans effroi. »

Que l'association projetée donnera la faculté à chacun de prendre part, suivant ses moyens, au mouvement des capitaux qu'elle versera dans les canaux de l'agriculture, d'où ils se répandront sur toute la surface du royaume, pour ne laisser oisif aucun bras ;

Que toutes les questions, sur lesquelles se fonde la double opération projetée, sont résolues affirmativement par les propres expressions de nos premiers hommes d'état, par celles des commissions des deux Chambres, citées dans l'exposé des motifs, et par des documens authentiques ;

Enfin après avoir pris l'avis de jurisconsultes éclairés, pour que l'association projetée fût en harmonie avec les lois existantes sur les blés et le taux légal de l'intérêt ;

Nous avons cru qu'il était digne de véritables amis de leur

pays, d'être fondateurs de cette association sous le titre de Société de Prévoyance;

Et nous avons en conséquence arrêté les Statuts ci-après, avec l'intime conviction qu'il était impossible de les faire reposer sur des bases plus propres à mériter la confiance générale, puisque toutes les opérations de la Société seront décidées par des conseils d'administration, composés des plus forts sociétaires dans chaque département, et exécutées par des agens qui, outre leur moralité connue, fourniront une caution relative à leur responsabilité.

STATUTS

Projetés pour la Société de Prévoyance et de Secours réel pour l'Agriculture.

CHAPITRE PREMIER.

Fondation.

Art. 1er. Il y a société entre les personnes qui promettent d'y verser le montaut d'une ou plusieurs actions de mille francs, et les propriétaires agriculteurs qui promettent de lui vendre au comptant vingt obligations dites *annuités*, de 50 fr. au moins l'une.

2. Cette Société est en commandite : elle a pour unique objet, les réserves de blé, par des prêts faits en argent à fonds perdu, pour vingt ans, à l'agriculture, qui se libère insensiblement, en payant chaque année un vingtième de ces prêts, y compris l'intérêt à 5 pour cent, taux moyen. Tous autres objets sont et demeurent exclus de l'association.

3. La durée de la Société est de trente années.

4. La Société est administrée par un Conseil général, par un Conseil d'administration dans chaque département, par un Conseil de direction (ces trois Conseils composés des plus forts actionnaires), et par un Directeur qui fournit un cautionnement proportionné à sa responsabilité.

5. La présente Association aura son effet du moment où, par suite des adhésions aux présens Statuts, il y aura des offres d'annuités, pour vingt millions de francs, et des demandes d'actions, pour pareille somme dont un quart peut être versé en blé, au prix débattu avec les intéressés,

6. Un arrêté du Conseil d'administration du département de la   et dont il sera donné connaissance par le Directeur dans les journaux, déterminera le jour de la mise en activité; et jusque-là, toutes les adhésions ne sont que provisoires.

Cet avis fera connaître en même temps, si la durée de la Société sera, pour 21 années seulement, ou pour les 30 années, comme il est dit par l'art. 3, et si la souscription, pour les actions de prêts et d'emprunts, sera fermée à la somme indiquée par l'art. 5.

7. Cette Société exclut toute solidarité entre les Sociétaires. Chacun d'eux ne peut supporter de perte, ou participer aux bénéfices, qu'en proportion de la somme des actions dont il est porteur, ou du capital qu'il a reçu.

Si, malgré la perspective des avantages que l'Association réserve au propriétaire emprunteur, celui-ci désirait lui vendre ses vingt annuités, sans en être Sociétaire, il en aura la faculté, pourvu qu'il fasse la déclaration de ce désir au moment du versement de ses annuités. Dans ce cas, il ne prend point part aux bénéfices ou aux pertes.

9. Les cinq huitièmes de chaque action sont prêtés à l'Agriculture à fonds perdu : les trois autres huitièmes sont destinés à récupérer ces prêts avec bénéfice, par des achats de blé mis en réserve dans les bonnes années, et mis en vente dans les mauvaises; et toujours ainsi, jusqu'au terme de l'Association. Dans ces trois huitièmes sont compris les frais de construction de silos, limités à 10 p. o/o environ du prix du blé, et les frais de négociation des actions en argent, limités à 2 p. o/o comme il est expliqué (page 14).

10 Les prêts et les achats de blé, sont faits par les soins du directeur et de ses agens, sous la surveillance des Conseils d'administration.

Les frais de construction de silos, sont faits sous la même surveillance.

Afin de ne pas laisser échapper les momens favorables aux achats, les blés peuvent être achetés à livrer aux époques où les silos devront être en état de les recevoir.

11. Le prix d'achat du blé, comprend les frais de transport, de déchargement, de criblage, et de mise dans les silos.

12. Les criblures sont vendues, pour en faire un article de recette au profit de la Société.

13. Le Directeur est responsable de la quantité nette de blé renfermé dans les silos, sous la surveillance des Conseils d'administration. Il ne sera reconnu d'autre déchet que ceux que l'expérience a consacrés, pour ce mode de conservation, et qui ne proviendront point du défaut de surveillance des préposés à la garde des réserves de blé; lesquels préposés sont à la nomination du Directeur.

14. Les blés mis en réserve, seront livrés à la consommation nationale avec la différence de 2 à 3 du prix d'achat à celui de vente, quand l'hectolitre aura été acheté,

à 16 f.	et au-dessous	dans les départemens de	1re	classe,
à 14	66 c.	......*id*...........*id*..........	2e	classe,
à 13	33 c.	......*id*...........*id*..........	3e	classe,
à 12	00	......*id*...........*id*..........	4e	classe,

(Les classes de départemens sont désignées, par la loi du 4 juillet 1821.)

15. Les blés mis en réserve, seront aussi livrés à la consommation nationale, avec la différence de 3 à 4 du prix d'achat à celui de vente, quand l'hectolitre aura été acheté,

de 16 f.	01 c.	à 18 f.	00	dans les départemens	de	1re	classe;
de 14	67	à 16	50	dans ceux	de	2e	classe;
de 13	34	à 15	00	dans ceux	de	3e	classe;
de 12	01	à 13	50	dans ceux	de	4e	classe;

16. Les limites fixées par les deux articles précédens, pour la vente des grains, sont de rigueur dans l'intérêt des consommateurs : elles sont la condition de l'existence de cette Société : l'espoir d'un gain plus élevé ne pourra la dispenser d'observer ces limites, non-seulement pour mériter le titre auquel elle aspire, de Société de Prévoyance, mais encore pour éviter que l'écoulement de ses réserves, soit jamais entravé par la concurrence des blés étrangers (1).

17. Dès qu'une nouvelle législation sur les blés, aura reculé les limites de la mise, à la consommation nationale, des blés étrangers, le conseil général sera convoqué pour fixer de nouvelles limites d'achats, plus favorables à notre agriculture, sans jamais perdre de vue aussi la sécurité du gouvernement, par conséquent l'intérêt des consommateurs.

---

(1) D'après la loi du 4 juillet 1821 les blés étrangers peuvent être admis à la consommation nationale, quand les nôtres sont cotés,

au-dessus de 24 f.	dans les départemens	de	1re	classe;
au-dessus de 22 f.	dans ceux	de	2e	classe;
au-dessus de 20 f.	dans ceux	de	3e	classe;
au-dessus de 18 f.	dans ceux	de	4e	classe;

18. Il n'y aura jamais, autant que possible, de fonds morts dans les caisses : ils seront placés, d'après les décisions des Conseils d'administration, dont les arrêtés seront consignés sur des registres ouverts à cet effet.

19. MM. les Maires des communes où il est établi des réserves, les Députés partout où ils se trouvent, les Receveurs généraux, et les Préfets, sont membres-nés des Conseils d'administration, tant pour les lumières qu'ils peuvent y apporter, dans l'intérêt de l'Association, que pour y puiser la conviction que ses opérations sont conformes à ses Statuts, en tout ce qui peut toucher la sécurité du gouvernement dans une partie aussi délicate que celle de la principale subsistance des citoyens.

20. Chaque département a une comptabilité distincte : elle est tenue sous la surveillance du Conseil d'administration, par un inspecteur comptable. Tous ces comptes servent à former celui général que le Directeur doit rendre chaque année au Conseil général des actionnaires.

21. Dès que le prix du blé aura atteint les limites d'achats, fixées par l'art. 15, la Société est conséquemment obligée de suspendre l'émission de ses actions, et ses prêts à l'agriculture. Elle ne délivrera ses actions, et ne fera les prêts, qu'en suivant exactement le numéro d'inscription des demandeurs.

CHAPITRE II.

Actionnaires sur hypothèques.

22. Les propriétaires agriculteurs qui veulent faire des emprunts à fonds perdu à la Société, sur leurs vingt obligations dites annuités, lui donnent communication des titres de propriété, des baux authentiques, des quittances de contributions foncières ; enfin ils se conforment à tout ce qui peut être exigé en pareil cas de la part des prêteurs pour leur sécurité.

23. Chacune des annuités ne pourra excéder le revenu d'une année des propriétés qui seront hypothéquées, en garantie de la somme prêtée à fonds perdu, et dont le notaire de la Société passera l'acte portant hypothèque. Les frais et honoraires de cet acte sont à la charge de l'emprunteur sociétaire ou non sociétaire.

24. L'annuité sera toujours divisible, autant que possible, en somme ronde de 50 fr.

25. A l'instant même du dépôt de leurs vingt annuités, les emprunteurs recevront en numéraire, et sans aucune retenue quelconque, les cinq huitièmes du montant de ces annuités, qui

comprennent le capital prêté et les intérêts jusqu'à la vingtième année.

26. Chaque annuité sera divisée en deux paiemens égaux exigibles par semestre, et qui devront être faits dans les lieux de la date de l'annuité au domicile de la Société.

27. Chaque emprunteur sociétaire ou non sociétaire, sera tenu de faire une élection de domicile irrévocable, pour l'exécution de ses engagemens envers la Société. Cette élection de domicile sera de droit en sa demeure indiquée dans l'acte notarié (art. 23), s'il réside dans l'arrondissement communal de la situation des immeubles hypothéqués; dans le cas contraire, l'élection de domicile devra être faite dans le chef-lieu de l'arrondissement.

S'il y a des immeubles hypothéqués dans plusieurs arrondissemens, par la même personne, elle devra faire une élection de domicile dans chaque arrondissement.

28. Les annuités ne peuvent être négociées par la Société. A défaut d'en être payée à leur échéance, elle en fait poursuivre le recouvrement, selon les formes de droit.

29. Les inspecteurs comptables rendront périodiquement compte aux conseils d'administration, du résultat des poursuites exercées contre les rétardataires. Sur leur rapport, il est pris à cet égard, par les conseils d'administration, telles mesures qui leur paraîtront convenables à l'intérêt de la Société.

30. Pour donner à l'emprunteur la facilité de payer exactement ses annuités, par toutes les ressources que peut lui offrir son association, le droit de sa participation au bénéfice de la Société, sera constaté par des actions au porteur ayant pour titre *Actions d'emprunts*.

Ces actions dont le cours est coté à la bourse, comme celui des actions en argent, restent déposées dans les caisses de la Société qui n'est autorisée à les faire négocier que pour le paiement de l'annuité en retard.

31. Les emprunteurs sociétaires ont droit aux neuf vingtièmes du bénéfice dont il est donné une explication (page 43). S'il y avait de la perte, ils la supporteraient dans la même proportion.

32. L'emprunteur pourra, s'il le désire, faire déduire à ses frais, de l'hypothèque fournie à la Société, le montant de chaque annuité à mesure qu'il l'aura acquittée.

La somme de la dernière annuité, pourra être radiée également sur la décision du conseil général des actionnaires, après qu'il se sera convaincu du bénéfice de l'association. Dans le cas contraire, l'hypothèque de la somme de la dernière annuité sera maintenue, jusqu'à la liquidation de la Société, en garantie de la portion de perte que l'actionnaire emprunteur aurait à supporter.

33. L'emprunteur pourra également, s'il le désire, faire transporter, à ses frais, l'hypothèque des annuités restantes à payer, sur une autre propriété qui présenterait les mêmes sécurités à la Société.

34. Toute personne qui désirera acquérir en propriété un capital de la manière indiquée par les articles précédens, adresseront leur demande à Me Michel, notaire à Nancy, avant le 1er 1825.

CHAPITRE III.

Actions en Argent.

35. Les actions sont de mille francs.

36. Il y aura des coupures d'actions, de 500 francs et de 200 francs, pour être à la portée des moyens de tous ceux qui désireront faire partie de l'association.

37. Ces coupures auront la préférence pour jouir de la faculté d'être versées intégralement en blé à prix débattu, et jusqu'à la concurrence des quantités destinées aux réserves.

38. Les actions et les coupures sont négociables; elles sont au porteur ou nominales, à la volonté des preneurs.

39. Les actions et les coupures jouissent d'un intérêt de 4 pour cent par an, payable par semestre, et donnent droit aux neuf vingtièmes des bénéfices dont il est donné l'aperçu par l'opération supposée pendant la durée de l'association (pages 14, 15, 16 et 17.)

40. L'intérêt des actions, au moyen des annuités, est hypothéqué sur la terre pendant vingt ans, à dater de l'émission des actions, et sur le produit des ventes obligées de blé pour le reste du temps que ces actions ont à courir jusqu'au terme de l'association.

41. Le remboursement du capital des actions et le bénéfice reposent sur les trois huitièmes de leur montant, employés à des achats et ventes de blé jusqu'au terme de l'association, d'après l'opération supposée pour sa durée.

42. Il ne peut être fait la moindre retenue, ni aucune diminution sur l'intérêt des actions, sous un prétexte quelconque,

même en vertu de délibération de l'assemblée générale des actionnaires.

43. Cependant le conseil général pourra arrêter que les actions à émettre à dater d'une époque indiquée, mais non rétroactive, ne jouiront que d'un intérêt de 3 1/2, ou de 3, ou de 2 pour o/o par an.

44. Les actions sont détachées d'un registre à talon et à souche.

45. Toutes les personnes qui désireront se faire inscrire pour une ou plusieurs actions, s'adresseront à leur notaire, qui en enverra le montant à la Société, d'après l'avis qu'elle lui en donnera plusieurs mois à l'avance.

Ces notaires feront parvenir, avant le 1er   1825, à Me Michel, notaire à Nancy, le bordereau des inscriptions d'actions dont ils promettront le versement pour les frais duquel il leur sera alloué les 2 pour o/o indiqués à la page 14.

Ce n'est que le 1er   1825, que les fondateurs de la Société de prévoyance, chargeront MM. les agens de change de négocier avec des maisons de banque, le reste des actions, moyennant l'allocation de 2 pour o/o tous frais compris.

CHAPITRE IV.

Conseil général des Sociétaires.

46. Il y a une assemblée des sociétaires, sous la dénomination de conseil général.

47. Le conseil général est présidé par un de ses membres, élu à la majorité des suffrages.

Il se réunit une fois par année, sauf les convocations jugées nécessaires. Sa première réunion a lieu six mois après la mise en activité de la Société; toutes les autres réunions ont lieu six mois après la révolution de chaque exercice.

Le Directeur assiste au conseil général.

48. Le conseil général choisit dans son sein, à sa première réunion, cinq commissaires chargés de suivre pendant le courant de l'année, toutes les opérations de la direction.

49. Ces commissaires pourront faire convoquer extraordinairement le conseil général pour les cas urgens.

Ils rendent compte au conseil général des observations qu'ils ont pu faire pendant l'année, et des abus qu'ils auraient pu connaître dans l'administration.

Le conseil général délibère sur leur rapport, et statue sur leurs observations.

50. Le conseil général nommera le directeur, en cas de décès ou de démission de celui actuel, comme dans le cas de révocation, admis par l'article 31 du Code de Commerce, lorsqu'elle aura été prononcée par le conseil général sur le rapport de ses commissaires.

51. Il n'y aura pas de convocation spéciale pour les assemblées périodiques : un avis public indiquera seulement tous les ans, le local où elles seront tenues.

52. Pour être membres de l'assemblée générale, il faut être porteur de cent actions au moins. Ceux des actionnaires qui n'auront pas le nombre prescrit, pourront se réunir pour former les cent actions et se faire représenter.

Les cinq commissaires sont membres-nés de l'assemblée générale.

53. Les porteurs d'actions qui voudront faire partie de l'assemblée générale, seront tenus de déposer, dix jours avant celui de l'assemblée, leurs cent actions dans la caisse à trois serrures différentes, sous la surveillance du conseil d'administration où sera établie l'administration centrale. Le Directeur leur en délivrera un récépissé qui leur servira de titre, pour être admis à l'assemblée.

Immédiatement après la clôture de l'assemblée, les actions seront rendues.

54. En cas de partage d'opinions dans les délibérations, la voix du président comptera pour deux.

55. Quel que soit le nombre des membres absens, il sera procédé aux délibérations par les membres présens, et les décisions seront prises à la majorité absolue des suffrages.

Le procès-verbal sera rédigé par un membre de l'assemblée qu'elle aura désigné pour remplir les fonctions de secrétaire.

Le registre des délibérations coté et paraphé par le président de l'assemblée, sera remis aux commissaires, et l'expédition de chaque procès-verbal, certifiée par le président et le secrétaire, sera envoyée immédiatement au Directeur.

56. L'assemblée générale des actionnaires a pour objet,

1° D'entendre le compte général de la Société qui sera lu par le Directeur, et déposé sur le bureau avec les pièces justificatives;

2 De nommer aux places vacantes de ses cinq commissaires;

3° De prononcer sur l'admission ou le rejet des propositions du Directeur tendant à modifier les présens Statuts.

CHAPITRE V.

Conseil d'Administration.

57. Il y a un conseil d'administration dans le chef-lieu de l'un des départemens de chaque division militaire, où il est établi des réserves de blé.

58. Le conseil d'administration sera composé des quinze plus forts actionnaires emprunteurs ou porteurs d'actions dans les départemens qui forment la division militaire.

Les porteurs d'actions de prêts, pour faire partie de ce conseil, devront faire le dépôt de leurs actions dans la caisse à trois serrures, établie près de ce conseil; leurs actions leur seront rendues, dès qu'ils ne voudront plus faire partie dudit conseil.

59. Chacun des membres du conseil d'administration présentera, à l'agrément de ce conseil, un suppléant qu'il choisira parmi les plus forts actionnaires.

Les suppléans admis peuvent assister aux délibérations du conseil d'administration; mais ils n'ont voix délibérative que quand ils sont appelés pour compléter le nombre des sept membres rigoureusement nécessaires pour la validité des délibérations.

60. Le conseil d'administration choisit hors de son sein un comité de trois membres, chargés de suivre, pendant le courant de l'année, toutes les opérations de l'administration.

Le comité pourra faire convoquer extraordinairement le conseil d'administration pour les cas urgens.

Il rend compte au conseil d'administration des observations qu'il a pu faire et des abus qu'il aurait pu reconnaître dans l'administration.

Le conseil d'administration délibère sur le rapport du comité, statue sur ses observations, et adresse sa décision, s'il le juge nécessaire, aux commissaires qui sont établis près l'administration centrale, par le conseil général des sociétaires.

61. Chaque conseil d'administration a un conseil de jurisprudence.

Il est composé d'un avocat consultant, d'un avocat plaidant, d'un avoué et d'un notaire, au choix du Directeur.

Dans le lieu de l'administration centrale, il est composé de trois avocats consultans, d'un avocat aux conseils du Roi, d'un notaire, d'un avoué à la cour royale, d'un avoué en première instance, et d'un agréé au tribunal de commerce, au choix des commissaires de la Société.

Ces conseils de jurisprudence sont appelés à donner leur avis sur les actes et les affaires contentieuses, au sujet desquels les conseils d'administration les consulteront, dans le but d'éviter ou de soutenir des procès.

62. En cas de décès ou de démission de l'un des membres du conseil d'administration, il est remplacé de droit par son suppléant, qui alors présente le sien à l'agrément de ce conseil.

63. Les membres du conseil d'administration ne sont responsables que de l'exécution du mandat qu'ils ont reçu.

Ils ne contractent, à raison de leur gestion, aucune obligation personnelle ni solidaire.

64. Le conseil d'administration se réunit d'obligation le premier lundi non férié de chaque trimestre, sauf les convocations extraordinaires jugées nécessaires par l'agent comptable ou le comité du conseil.

Il nomme dans son sein, à la majorité des suffrages, un président et un vice-président pour deux ans; ils pourront être réélus. L'agent comptable tient la plume au conseil.

65. Le conseil d'administration délibère sur toutes les affaires de la Société dans son arrondissement, et les décide par des arrêtés consignés sur deux registres ouverts à cet effet, demeurant l'un entre les mains de l'agent comptable, et l'autre en celles du président. L'agent comptable est tenu de s'y conformer.

Ses décisions sont prises à la majorité des suffrages.

66. Il reçoit, débat et arrête le compte annuel, rendu par l'agent comptable, des recettes et dépenses sociales.

CHAPITRE VI.

De la Direction.

67. Toutes les opérations de la Société sont exécutées par un Directeur-responsable et ses agens comptables.

Du Directeur.

68. Il convoque, lorsque cela peut devenir nécessaire, les assemblées extraordinaires du conseil général des sociétaires.

69. Il donnera aux commissaires du conseil général tous les

renseignemens qu'ils peuvent désirer, dans l'intérêt de leurs commettans.

70. Trois mois après la révolution de chaque année sociale, à dater du jour de la mise en activité, le Directeur communiquera aux commissaires de la Société le compte soutenu des pièces justificatives des recettes et dépenses sur le fonds de la Société.

Trois mois ensuite, le Directeur mettra ce compte sous les yeux du conseil général des sociétaires, qui, ainsi qu'il a été dit à l'article 47, se réunira six mois après la révolution de chaque année sociale.

71. Le Directeur chargé de l'exécution des présens Statuts, ne pourra s'en écarter.

72. Tous les frais de loyer de l'administration, ceux de correspondance, d'impression et de bureau, le traitement d'employés, enfin, toute dépense de gestion centrale et dans les départemens, sont et demeurent à la charge de la direction, et forment entre l'association et le Directeur un traité à forfait pendant la durée de la Société.

73. Le Directeur fournit un cautionnement de la valeur de trois cent mille francs en immeubles ou en actions, dont le dépôt sera fait dans la caisse à trois serrures, sous la surveillance du conseil d'administration, résidant dans le lieu de l'administration centrale.

Ce cautionnement ne sera que de 30,000 fr. la première année, et successivement de pareille somme chaque année, jusqu'à ce qu'il soit complété à la somme fixée de 300,000 fr.

74. MM. les fondateurs délèguent aux commissaires de la Société, qui seront désignés à l'article 97, en attendant la première réunion du conseil général, le pouvoir de nommer le Directeur-responsable de cet établissement, s'ils ne l'avaient déjà nommé eux-mêmes avant le 1er mars 1825.

75. Le Directeur a la signature sociale; et, pour assurer le service de la Société, contre tout événement de maladie, ou autres empêchemens de sa part, il désigne aux commissaires de la Société l'adjoint destiné à le suppléer dans toutes les opérations de la direction.

En conséquence, la signature de cet adjoint dont les émolumens resteront à la charge du Directeur, aura le même effet que la sienne.

Le Directeur peut révoquer son adjoint, ainsi que tous ses autres agens, mais il est tenu d'en donner les motifs à la Société.

76. Le domicile central de la direction principale sera au chef-lieu du département de

77. A l'avenir, pour la nomination du Directeur, les commissaires de la Société prieront le ministre de la maison du Roi d'adresser au conseil général des Sociétaires une liste de cinq candidats, comme ayant des titres à la bienveillance et à la confiance de Sa Majesté.

Le conseil général fera le choix du Directeur parmi ces candidats.

Des Agens comptables.

78. Il est établi par le Directeur un agent comptable dans le chef-lieu de l'un des départemens de chaque division militaire où il est formé des réserves de blé.

Le Directeur désigne le département où résidera l'agent comptable.

79. L'agent comptable assiste aux assemblées du conseil d'administration;

Il convoque, lorsque cela peut devenir nécessaire, les assemblées extraordinaires du conseil d'administration.

80. L'agent comptable mettra sous les yeux du conseil d'administration, lors de sa réunion, l'état de situation constatant ses recettes et dépenses en matières et deniers.

Il donnera aux membres du comité du conseil d'administration tous les renseignemens qu'ils peuvent désirer; il leur communiquera les registre de délibérations, et arrêtés de ce conseil, les états de situation en matières et deniers, et leur procurera toutes les instructions que les intérêts de leurs commettans exigent.
Il donnera également à chaque sociétaire tous les renseignemens qu'ils pourront déirer.

81. L'agent comptable ne fera aucune opération pour le compte de la Société, sans se concerter avec les membres du comité du conseil d'administration.

82. L'agent comptable sera tenu d'ouvrir les registres nécessaires au conseil d'administration pour ses délibérations et arrêtés, d'avoir un journal général qui offre dans un ordre convenable, les noms des sociétaires emprunteurs et des emprunteurs non sociétaires, la désignation et la valeur de leurs propriétés hypothéquées en garantie des prêts qui leur sont faits, le compte ouvert à chacun d'eux, et les registres relatifs aux recettes et dépenses en matières et deniers.

83. Toute action judiciaire concernant la Société, ne peu être engagée ou soutenue par l'agent comptable, au nom et aux frais de l'association, que d'après l'avis du comité du conseil d'administration, l'un des avocats et l'avoué de la Société entendus.

84. L'agent comptable ne pourra s'écarter de l'exécution des présens Statuts en tout ce qu'ils peuvent le concerner.

85. L'agent comptable propose à la nomination du Directeur les préposés aux réserves de blé, dans les lieux où elles devront être exécutées.

86. Il est responsable envers le Directeur de la fidélité de ces préposés à la garde des réserves.

87. Le Directeur pourra avoir moins de six préposés à la garde des réserves par division militaire; mais il ne sera pas tenu d'en avoir un plus grand nombre.

88. La signature de l'agent comptable pour tout ce qui peut concerner, dans son arrondissement, les intérêts de la Société, aura la même force que celle du Directeur.

89. L'agent comptable, pour garantie de sa gestion, fournira au Directeur un cautionnement en immeubles ou en actions de la Société, dont le dépôt sera fait dans la caisse à trois serrures sous la surveillance du conseil d'administration établi dans la résidence de la direction.

90. Des trois clefs de la caisse à trois serrures différentes, établie près de chaque conseil d'administration, l'une restera entre les mains de l'agent comptable, l'autre sera mise entre les mains du président du conseil d'administration, et la troisième, en celles d'un membre du comité dudit conseil. Ces deux derniers la confient à un des membres de ces conseil et comité, s'ils sont dans le cas de s'absenter.

91. L'agent comptable versera dans la caisse à trois clefs, le dernier jour de chaque semaine, le montant des sommes dont il aura fait recette.

92. Il tiendra les livres prescrits par le Code de Commerce, et remplira les formalités voulues par les articles 42, 43 et 44 du même Code.

Ses écritures seront tenues en parties doubles.

CHAPITRE VII.

Bénéfice ou Perte.

93. Le bénéfice est partagé, ou la perte est supportée en proportion de *la somme* des actions dont chacun est por–

teur, ou du *capital* qu'il a reçu à titre d'emprunteur *sociétaire*, *et du temps* de son association.

EXEMPLE DE PROPORTION.	BÉNÉFICE supposé	PERTE supposée
pour l'action de la 1re année, de...........	3000	300
id. de la 2e année, de...........	2900	290
id. de la 3e année, de...........	2800	280
id. de la 4e année, de...........	2700	270
id. de la 5e année, de...........	2600	260
id. de la 6e année, de...........	2500	250
id. de la 7e année, de...........	2400	240
id. de la 8e année, de...........	2300	230
id. de la 9e année, de...........	2200	220
id. de la 10e année, de...........	2100	210

94. La répartition du bénéfice est faite ainsi :

9/20mes Aux actions de prêts.
9/20mes Aux actions d'emprunt.
2/20mes A l'administration.

CHAPITRE VIII.

Dispositions générales.

95. Les prêts à l'agriculture et par conséquent l'émission des actions n'auront lieu que pendant les dix premières années, et pourront être fermés avant la dixième année, d'après la décision du conseil général.

96. Les prêts et les émissions d'actions seront limités de manière que le maximum de la réserve ne soit que pour 10 jours d'approvisionnemens pour toute la France, pendant les 10 premières années, et pour moins d'un mois à la 20e année. A cette époque on tirera au sort les actions à rembourser, avec leur bénéfice, pour que la réserve ne puisse jamais s'élever à plus d'un mois.

97. MM. les agens de change de la ville de Paris sont désignés les commissaires de la Société, en attendant la réunion du conseil général; et, quel que soit leur nombre, ils choisiront, à la majorité des suffrages, parmi eux, ou les banquiers, ou les négocians de la capitale, le Directeur de l'établissement, s'il n'était déjà nommé, conformément à l'article 74.

98. Le directeur sera tenu, pour les anciens propriétaires qui vont être indemnisés par l'Etat, de poursuivre sans aucun frais, la liquidation de ceux de ces propriétaires qui auraient promis de prendre au moins dix actions de la Société.

COMPARAISON

Du prix des Silos métalliques, et de ceux en maçonnerie pour la Société de Prévoyance.

D'après les expériences faites, avec les fonds de l'état, par l'ex-directeur des vivres de la guerre, le lieutenant-général le Comte DÉJEAN, et publiées par son aide-de-camp, un silo en plomb de la contenance de 1250 hectolitres, coûte..... 4500 fr.

D'après les expériences faites par M. TERNAUX aîné, avec ses propres fonds, et constatées par MM. le Comte DE LASTEYRIE, le Baron DE SACY, et MÉRIMOÉ, un silo en maçonnerie de la contenance de 1200 hectolitres, coûte 1800 fr.; en conséquence, un silo de 1250 hectolitres coûtera.................................... 1850

Différence en plus que coûte le silo métallique...... 2650 fr.

Lesquels 2650 fr. placés à l'intérêt composé de 5 pour o/o pendant 30 ans de l'association, forment la somme de......................................11453 fr.

A déduire sur cette somme la valeur intrinsèque du métal, quand on le vendra, et qui, d'après l'estimation faite par l'aide-de-camp de M. le général DÉJEAN, s'élèvera à.. 2812

Différence en perte que présente le silo métallique pour l'association, ci.................................... 8641

Outre cette perte pour un seul silo métallique de 1250 hectolitres, il faut remarquer qu'on a été obligé de détruire le silo pour obtenir 2812 fr. par la vente du métal qui a servi à sa construction, tandis que par le système de M. TERNAUX, il reste en propriété un silo en maçonnerie, qui étant revêtu d'un mortier romain qu'on fabrique à Pont-à-Mousson (Meurthe), peut durer nombre de siècles. Il a été découvert récemment un de ces silos renfermant du blé, à deux lieues de Nancy, dans les ruines de Serpane (1), lequel blé est conservé bien précieuse-

(1) Cette ville fut détruite il y a 700 ans par un comte de Bar. Elle était célèbre, moins encore parce qu'elle avait été bâtie par le Troyen SERPANUS, après la prise de Troye par les Grecs, que pour avoir résisté aux cinq cent mille hommes D'ATTILA, qui fut même forcé d'en lever le siége. Ce fut cette héroïque résistance qui donna le temps au roi de France de rassembler ses armées dans les plaines de Champagne, pour combattre et vaincre ce redoutable roi des Huns.

ment par M. Mansuy, ancien maire de Dieulouard, pour le faire voir aux curieux. Nous avons donc l'expérience de la conservation du blé dans les silos en maçonnerie, pendant plusieurs siècles, et nous ne pouvons en dire autant des silos métalliques. C'est encore quelque chose de plus au désavantage de ceux-ci.

OBSERVATIONS

Sur la faculté de réduire à 4, à 3 et à 2 pour cent l'intérêt du prêt à l'Agriculture.

Si les commissaires qui seront chargés du placement des actions de la Société, pensaient qu'il convient de réduire à 4 p. o/o le taux de l'intérêt du prêt à l'agriculture, sans l'exposer à des pertes, par sa participation à l'opération, il faudrait réduire aussi la durée de la Société à 13 années. Alors le prêt à l'agriculture, au lieu d'être de 625 francs, ne serait que de 500 fr. pour que l'annuité fût toujours de 50 fr.; et la somme nette à employer en blé serait de 436 fr. 37 c., au lieu de celle de 322 fr. 73 c., qui sert de base à l'opération.

Il est facile de se convaincre qu'en suivant, pour cette somme de 436 fr. 37 c. les chances et calculs établis dans l'opération, on pourrait, lors de chacune des deux premières ventes de blé, à la 3e et à la 8e années, payer un bénéfice égal au dixième des actions à leurs porteurs, pour en élever l'intérêt à 6 1/2 p. o/o; et qu'il resterait néanmoins un bénéfice de 20 p. o/o à la 13e année, afin que la tendance continuelle à la hausse des actions, garantisse à leurs porteurs la faculté de les placer toujours avec avantage, jusqu'au terme de l'association.

Si les commissaires de la Société pensaient que le taux de l'intérêt du prêt à l'agriculture devrait être réduit à 3 p. o/o, pour être égal à peu près au revenu de la terre, alors la somme à prêter à l'agriculture serait de 533 fr. et celle à employer en blé, de 406 fr. 37 c. pour procurer aux actionnaires les mêmes avantages que dessus, à l'exception que le dividende du bénéfice à la 13e, année terme de l'association, ne serait que de 10 pour cent au lieu de 20.

Enfin, dès que MM. les commissaires de la Société seront réunis, on leur expliquera les causes qui (même favorables à la classe des consommateurs, la plus généreuse, parce qu'elle est toujours prête à répandre jusqu'à la dernière goutte de son sang pour l'état) pourront permettre de réduire à 2 p. o/o l'intérêt du prêt à l'agriculture, avec un bénéfice supérieur à ceux ci-dessus.

La vérification de la faculté de réduire le taux de l'intérêt du prêt à l'agriculture, à 4 et à 3 p. o/o, avec les avantages indiqués, est à la portée de toute personne qui voudra en faire le calcul, d'après les bases qui viennent d'être établies.

Quant à la réduction dudit intérêt à 2 p. o/o, cette assertion paraîtra hasardée, et sera peut-être taxée de rêverie. Mais elle sera expliquée en l'appuyant sur les propres paroles de trois ministres d'état, le duc de Lévis, le comte Dupont, et le comte Lainé; sur celles du Député de Lastours, dont la Chambre a assez distingué le mérite pour le nommer plusieurs fois président de la commission du budget; sur les attestations mensuelles du ministre de l'intérieur, le comte de Corbière, relativement aux prix moyen du blé pour tout le royaume; sur des documens officiels; sur la puissance des chiffres et des lois de la nature qui n'ont point varié depuis 400 ans; enfin sur le désir du président du Conseil supérieur de commerce et des colonies, M. le comte de Villèle, qui me demandait si la Société commerciale dont je l'entretenais, pourrait faire, pour trois ans, l'approvisionnement de blé qu'elle proposait pour deux? A quoi je répondis, qu'elle le ferait non-seulement pour trois ans, mais même pour quatre, parce qu'elle y verrait, pour elle et pour tous, un avantage plus assuré : réponse qui se trouve si bien exprimée dans la *Quotidienne* du 22 septembre 1823; le *Drapeau blanc* des 24 septembre et 15 octobre, la *Gazette de France* du 27 septembre, et l'*Oriflamme* des 26 septembre et 6 octobre même année, qu'il faut avoir nécessairement sous les yeux, si l'on veut obtenir la solution de cette question si intéressante, pour l'agriculture, pour le trésor royal, pour l'armée et pour la sécurité publique, source de toutes les prospérités. Je ne consens donc à passer pour rêveur qu'avec les honorables personnages qui viennent d'être cités.

Et quant à la confiance que je crois devoir aux représentations respectueuses de la Chambre des Pairs, sur la détresse prolongée de l'agriculture, qui menace d'une crise tous les intérêts de la Société, si cette confiance qu m'a fait rechercher et développer le moyen d'éviter cette crise, en établissant même des ressources pour les temps de malheur, doit être taxée de niaiserie, de pussillanimité, je m'en consolerai pour moi, en pensant à la haute sagesse de ceux à qui je devrai cette singulière récompense de mes travaux; mais je ne pourrai que gémir profondément sur l'ignorance et l'imprévoyance auxquelles seules on devrait imputer une opinion aussi injuste.

Ce ne serait pas d'ailleurs la première fois que je me serais vu victime de l'injustice et que je devrais en subir les douloureuses conséquences. Je me ressentirai toute ma vie de la terrible leçon qui m'a été donnée, depuis qu'ayant vu le trésor accablé de nos propres réclamations pour un arriéré considérable (note 6e), je fis la remise de 30,000 francs que je pouvais réclamer moi-même pour traitement et frais de mission de finances qui, d'inspecteur des subsistances militaires, m'avaient élevé en 1809, 1810 et 1811 à la qualité de délégué du général en chef. Jamais on ne m'a pardonné la manière dont j'ai fait cette remise au trésor public. J'exprimais dans ma quittance que je ne faisais ce sacrifice qu'en faveur du gouvernement légitime des Bourbons, alors qu'on s'apprêtait à agiter dans les journaux la question du gouvernement de fait et du gouvernement de droit dans un sens défavorable à la légitimité. Ainsi, après avoir eu des emplois qui m'avaient mis entre les mains, jusqu'à quarante millions à la fois en numéraire, et qui m'avaient fait directeur de service des subsistances d'un camp de cent mille hommes et de onze mille chevaux, il ne m'a plus été possible d'être employé. Comme on n'a pas craint de me dire que je m'étais fait du tort, par la manifestation de mes principes dans une lettre à la garnison de Mayence, au retour de nos Princes légitimes, et dans la Gazette de France du 16 février 1815, (1) quelques jours avant le débarquement, ce fut précisément, pour compléter ce prétendu tort, que dans ces temps même où les Villèle et Corbière étaient réputés dangereux par les premiers agens du pouvoir, je publiai une demande d'emploi, où chaque ligne exprimait mon dévouement au Roi et à son auguste famille. J'appuyais

---

(1) Ce fut à cause de cette manifestation de mes principes dans la Gazette de France, alors que s'obscurcissait déjà notre horizon politique, que je reçus la lettre ci-après : « Paris, le 8 mars 1815.

cette demande de tous les plus honorables témoignages qui m'avaient été donnés dans l'exercice de mes emplois. Je savais que je n'obtiendrais rien : mais il fallait constater la pernicieuse politique qui régnait alors dans l'administration. Je dois espérer de voir enfin luire pour moi le jour de la justice : le journal de l'Etoile du 25 janvier, nous apprend qu'un travail concernant la nouvelle organisation des subsistances militaires, va paraître incessamment, et qu'il y aura de plus qu'aujourd'hui, huit administrateurs. D'après le bon esprit de l'administration actuelle et mes relations avec les trois derniers Ministres de la Guerre, et M. le vicomte DE CAUX, j'ose croire que je ne serai point oublié dans cette nouvelle organisation d'une administration où mon père comptait 52 ans d'honorables services, et où je me suis efforcé de marcher sur ses traces.

Dans les audiences que j'ai eu l'honneur d'obtenir en 1823, de MM. les comte DE VILLÈLE, et vicomte DE CAUX, je leur ai dit : « *Je ne vous demande pas d'emploi, jusqu'à ce que j'aie* » *fait quelque chose d'utile.* » Puisse donc ce travail dont je me trouve heureux de pouvoir leur faire hommage avoir été une heureuse inspiration !

» Monsieur, j'éprouve une vraie satisfaction de vous apprendre que » Monseigneur DE LA FARRE vous autorise à le citer au nombre des » personnes qui désirent de vous être utile, et à compter sur ses dis- » positions à votre égard. J'ai reçu aussi, de la part des personnes en » qui j'ai une grande confiance, des témoignages qui vous sont très- » honorables sous tous les rapports. Vos connaissances et vos principes » vous rendraient précieux dans toutes les circonstances et dans celle- » ci surtout, où la réputation dont vous jouissez et vos habitudes avec » les militaires ne pourraient que contribuer à y affermir le bon esprit. » J'ai l'honneur, etc. »

Signé JAQUEMIN,

Secrétaire-général des affaires ecclésiastiques aux Tuileries.

(Aujourd'hui Evêque de St -Diez.)

P. S. Monseigneur DE LA FARRE me charge de vous dire que vous pouvez vous présenter de sa part à M[r] DE LA FERRONNAYS, premier gentilhomme de S. A. R. le duc de Berry.

EXTRAIT

Du rapport fait par M. le général comte Drouot *à la Société centrale d'Agriculture de Nancy, dans sa séance du 6 novembre 1824, sur un mémoire de M***, intitulé :* Des Réserves de blé, par des prêts à l'Agriculture au taux le plus modéré.

Un ami qui est abonné à un recueil agronomique, intitulé le Bon Cultivateur, où est imprimé ce rapport, veut bien me le communiquer ; j'y recherche avec empressement ce qui a pu donner lieu à l'exclamation de la Société d'Agriculture de Nancy ; et je vois, en effet, d'après l'erreur de rédaction échappée à M. le général Drouot, page 338, qu'il n'était pas possible de se servir d'un autre terme que de celui d'usure. Il est dit au bas de cette page, « que l'agriculteur, après avoir payé à l'association, pendant un temps plus ou moins long, *un intérêt presque double de l'intérêt légal*, pourrait se voir exproprié : et ce n'est pas ici une vaine hypothèse, etc. » M. le général, au lieu de ces deux premiers mots soulignés dans le rapport, *un intérêt*, aurait dû dire *une somme ;* alors sa pensée aurait été exactement rendue, et l'on ne se serait pas écrié : *Usure ! usure !* Car l'emprunteur pourrait payer chaque année une somme même triple de l'intérêt légal, sans que pour cela il supportât un intérêt de plus de 2 pour cent, suivant l'époque où il devrait être libéré. Cependant, d'après la rédaction qui existe dans le rapport, il était naturel de dire à Nancy, que l'association projetée n'aurait pas un seul emprunteur, et il était impossible qu'il ne s'élevât pas dans l'esprit de la respectable assemblée où le rapport a été lu, une fâcheuse prévention sur l'auteur du projet ; car déjà l'on s'est dit, en entendant ces mots : *un intérêt pres-*

que double de l'intérêt légal, que l'on ne voulait plus rien entendre. Mais une erreur encore bien plus grave s'est glissée dans l'impression du rapport. Je vais copier littéralement le paragraphe qui renferme cette erreur. Il est dit, page 330 : « Les actions » seront de 1000 fr. , et recevront un intérêt de 4 pour cent de » la portion du bénéfice qui sera partagée entre les actionnaires » à la fin de la 20e année. » Je le demande, comment aurais-je pu penser qu'il existât un capitaliste assez fou, pour attendre l'intérêt de son argent pendant vingt ans, et intérêt encore qui ne serait hypothéqué que sur une portion de bénéfice? Il manquait donc un mot dans cette phrase pour la rendre intelligible et exacte. En effet, M. le général Drouot, avec qui je viens d'avoir l'honneur de m'en expliquer, a bien voulu, dans sa surprise d'une semblable erreur, me confier son manuscrit, pour que, dans le prochain numéro du recueil qui est publié par la Société d'Agriculture de Nancy, cette erreur fût rectifiée. On avait oublié à l'impression, après 4 p^{r} o/o , le mot *indépendant*, lequel rend la phrase tout-à-fait claire. Mais en attendant, tout capitaliste qui aura lu la rédaction existante presqu'au commencement du rapport imprimé, n'aura plus voulu rien connaître du projet. Et qu'aura-t-il pu penser de son auteur !

Ainsi, pas un seul emprunteur, pas un seul prêteur, que devient *ce plan qui présente de très-grands avantages et qui est très-séduisant au premier coup d'œil?* Tout le charme en est bien détruit, surtout aux yeux des personnes qui, n'ayant pas le temps d'approfondir les choses étrangères à leurs connaissances, ne peuvent en parler et les juger que par les autres. Mais si M. le général Drouot a voulu dire tout le contraire de ce qui a été imprimé dans le recueil agronomique ; s'il a voulu dire que l'intérêt du prêt dit de 3 p^{r} o/o, s'élèvera à un peu moins de 5 p^{r} o/o, taux moyen, par l'acquittement chaque année, d'un 20e du capital prêté; s'il a voulu dire que l'intérêt de l'action ne sera point payable à la fin de la 20e année, mais par semestre, d'après les Statuts, et qu'il ne sera point hypothéqué sur une portion du bénéfice, mais sur la propriété territoriale ; et si, indépendamment d'un aussi grand avantage, à cause de la sécurité, l'action, outre son remboursement intégral, jouit d'un bénéfice de 53 p. o/o à la 20e année, d'après les propres calculs de M. le général (1), alors ce plan sera toujours ce qu'il a paru au premier coup d'œil, et son exécution sera non-seulement une mesure salutaire pour l'état, mais bien profitable à ceux qui feront partie de l'association.

Après cette explication qui m'a paru nécessaire pour établir dans l'esprit de mes concitoyens une opinion plus juste à l'égard de l'auteur du projet, je vais rapporter plusieurs des plus belles pages du rapport de M. le général Drouot, en faveur des réserves particulières par le commerce, et de la stabilité du gouvernement.

« Messieurs,

» Dans votre dernière séance vous avez nommé une com- » mission composée de MM. Mathieu de Dombasle, le baron » Mallarmé, et moi, pour vous faire un rapport sur un tra- » vail que M. le préfet vous a prié d'examiner. Ce travail em- » brasse deux grands objets d'utilité publique : les approvision- » nemens de blé formés quand les grains sont à vil prix, » pour être distribués dans les années stériles, et les secours à » donner à l'agriculture, en lui faisant des prêts ou avances d'ar- » gent aux conditions les plus avantageuses.

---

(1) M. le général Drouot a cru devoir réduire les quatre variations du prix du blé à trois seulement dans le cours de 20 années ; ce qui fait une énorme différence pour le bénéfice de l'association, quoiqu'il lui en reste encore un fort raisonnable. Mais ce bénéfice sera encore mieux apprécié par ceux qui font le commerce de blé : nous persistons à croire qu'au lieu de diminuer une variation, ils en ajouteront une dans leur calcul : et ce jugement ne paraîtra pas arbitraire, d'après ce qui est arrivé depuis des siècles, et le climat sous lequel nous existons. Ces commerçans reconnaîtront que les actions devront produire plusieurs capitaux pour un ; que par conséquent elles iront toujours à la hausse, pour être négociées chaque jour à la bourse avec avantage. Laissons donc juger cette question, par ceux qui sont les plus intéressés à ne pas se tromper.

» La nécessité des magasins de réserves a été reconnue dans » tous les temps ; elle a été l'objet des vœux de tous les amis » de l'humanité. On ne peut voir sans regret que dans les an- » nées d'abondance on laisse écouler au-dehors, à vil prix, des » denrées qu'on achète ensuite au poids de l'or. *On a vu* » disait M. le comte LAINÉ, à la Chambre des Députés, séance » du 31 mai 1819, *on a vu nos grains prendre la route de* » *la Hollande ou des entrepôts de l'Angleterre, pour revenir en* » *France, dans le temps de disette, à un prix qui dédommage* » *le commerce étranger de l'intérêt de ses capitaux et de ses* » *frais de garde.*

» Deux raisons paraissent avoir détourné l'attention du gouver- » nement d'un objet si important, le défaut d'argent pour faire » les approvisionnemens, et les frais considérables qu'exigeait » la conservation des grains, soit par la manutention, soit à » cause des déchets et des avaries qu'ils éprouvaient. Aujour- » d'hui nous ne serons plus arrêtés par ces deux inconvéniens ; » les Chambres s'empresseront de mettre à la disposition du » gouvernement tous les fonds que pourraient réclamer une » mesure, qui assure la subsistance du peuple. Les expériences » faites depuis quelques années par M. le comte DÉJEAN, an- » cien administrateur général des subsistances, et par M. TER- » NAUX, prouvent que dans nos climats, les grains se gardent » très-bien dans les silos, qu'ils y conservent toutes leurs qua- » lités sans altération. *On peut donc espérer* que le gouvernement » ne tardera pas à s'occuper *sérieusement* des réserves, et le » travail de M. *** aura le mérite d'avoir rappelé la nécessité » d'une mesure aussi salutaire.

» Mais les approvisionnemens de réserves doivent-ils être faits » par le gouvernement lui-même, ou peuvent-ils sans inconvé- » nient être livrés aux soins du commerce ?

» L'auteur du projet soumis à votre examen pense que c'est » le commerce et non le gouvernement qui doit faire les ré- » serves ; il appuie son opinion sur le rapport fait à la Cham- » bre des Députés le 31 mai 1819. M. LAINÉ, rapporteur, fut » d'avis que *les réserves devaient être formées par la voie li-*

» *bre du commerce, parce que le gouvernement les ferait mal et fort cher, et qu'il détournerait le commerce qui ne s'exposerait jamais à lutter contre un concurrent qui peut perdre impunément.*

» M. Mallarmé et moi, Messieurs, ne partageons pas cette opinion, nous croyons que le gonvernement ne peut se reposer que sur lui-même du soin des réserves, qui doivent exercer une si grande influence sur la tranquillité publique. Que le gouvernement abandonne au commerce le privilége de porter au dehors le superflu des produits de notre sol; qu'il lui procure les plus grandes facilités pour transporter dans l'intérieur d'une région à une autre, les denrées qui sont accordées à quelques départemens plus libéralement qu'à d'autres; *qu'il l'encourage à former des entrepôts et des réserves particulières* (1) qui augmenteront les ressources dans les temps calamiteux; mais qu'il se charge lui-même des grandes réserves sur lesquelles repose le salut du peuple; qu'il n'abandonne à aucune société *la mission que lui a confiée la Providence*, d'assurer la subsistance des citoyens, *leur tranqnillité* et leur bonheur. »

Je souligne le mot *tranquillité*, parce que c'est d'elle, dit M. le député Martignac, que découlent toutes les sources de la prospérité publique.

J'ai déjà rapporté, à la page 28, l'opinion de M. le général Drouot sur les compagnies qui se chargeraient des réserves, sur le danger de leur intérêt personnel, *depuis notre nouvelle ère politique*, *que l'argent est le plus puissant mobile de nos actions*, *qu'il est ce que nous avons de plus cher*, *et qu'il touche à la fibre la plus délicate de notre cœur*, *dit le journal des Débats*. Espérons toutefois, malgré cette maxime désolante, que les généreux sentimens ne sont pas éteints dans toutes les âmes.

---

(1) Que demandons-nous de plus? L'association, en vertu de l'article 96 de ses Statuts, ne pourra avoir un approvisionnement pendant les dix premières années, que pour dix jours seulement. M. le général Drouot n'avait pas connaissance de ces Statuts, quand il a rédigé son rapport.

M. le général Drouot ajoute:

« M. Mathieu de Dombasle, un des membres de la commis-
» sion, ne partage pas l'opinion de ses deux collègues. Il croit
» (avec la Chambre des Députés, et avec l'auteur du projet) que
» c'est le commerce qui doit faire les réserves : nous allons vous
» soumettre ses observations.

» L'économie politique a fait trop de progrès, dit M. de Dom-
» basle, pour qu'on ne connaisse pas les inconvéniens insépara-
» bles d'une opération de cette nature exécutée au compte de
» l'état. L'emploi d'une foule d'agens, qui ne prennent aucun
» intérêt au succès général de l'opération, rendra toujours ex-
» cessivement onéreuse pour l'état une affaire qui exige des achats
» faits en détail, une réception faite en conscience, de grands soins
» de conservation et beaucoup de probité à la vente. Selon toutes
» les probabilités, les résultats d'une opération ainsi conçue se-
» raient de grandes dépenses pour le trésor et des avantages très-
» restreints pour le public.

» Dans mon opinion, le mieux serait que ce genre de com-
» merce se fît par tout le monde, de même que toute autre
» spéculation industrielle. Il en serait sans doute ainsi, si nous
» n'avions dans l'opinion publique, je dirais presque dans nos
» mœurs, un préjugé, reste des temps d'ignorance, qui frappe de
» réprobation le genre de spéculation, le plus utile de tous peut-
» être pour la société : le titre d'accapareur, d'homme qui spécule
» sur la misère publique, exerce une influence magique qui empêche
» les neuf dixièmes des hommes honnêtes de se livrer à ce
» commerce. (Note 7e, page 62.)

» A défaut des spéculations privées, une association pré-
» senterait le même degré d'utilité publique; il sera avantageux
» de recourir à ce moyen, tant qu'on ne pourra pas espérer
» d'obtenir les mêmes résultats par la voie des approvisionnemens
» particuliers qui donnent, par l'effet de la libre concurrence entre
» une multitude de détenteurs, la garantie la plus complète contre
» toute intelligence coupable, pour opérer le renchérissement.

» Le projet de M*** me paraît donc bon et très-utile : rien
» ne serait plus facile que d'introduire dans les Statuts d'une

» association de cette nature, une stipulation (1) propre à tranquilliser les peronnes qu'elle pourrait inquiéter, en obligeant » les administrateurs de vendre lorsque le blé serait parvenu » à un prix déterminé, etc.

» Telle est, Messieurs, l'opinion de celui de nos collègues » qui ne pense pas que le gouvernement doive se charger des » réserves, etc. »

M. le général DROUOT termine son rapport ainsi :

« En appelant l'attention du gouvernement sur la nécessité » de former des réserves de blé dans les années d'abondance, et » de venir au secours de l'agriculture qui manque de capitaux » et de débouchés pour ses principaux produits, M*** s'est » acquis des droits à la bienveillance de votre Société dont » tous les travaux ont pour but les progrès de l'agriculture, le » bonheur et la prospérité publics. »

S'il est vrai que je me sois acquis des droits à la bienveillance de cette Société, je ne lui demande pour toute réponse à ma lettre du 15 septembre, et pour toute faveur, que de vouloir bien insérer dans son prochain recueil, les deux pages qui précèdent celles que je viens d'extraire du rapport qui lui a été fait par M. le général DROUOT, et qu'en même temps elle fasse connaître sa décision sur l'opinion de quatre de ses membres. Messieurs les baron MALLARMÉ et le général DROUOT sont d'avis que le gouvernement se charge des réserves, MM. BERTIER DE ROVILLE et MATHIEU DE DOMBASLE sont d'un avis contraire : la Société d'Agriculture de Nancy attendra-t-elle pour se prononcer d'être plus instruite sur cette intéressante question ? Et n'aurait-elle pas encore aperçu dans la prompte exécution des réserves par le commerce, le salut de l'agriculture du département ; que, par cette mesure, ses blés allaient s'écouler vers le midi, pour remplacer les blés de la Provence et du Languedoc qui étant ceux de la meilleure qualité, seraient mis les premiers en réserve ?

---

(1) Cette stipulation se trouve établie par les articles 14, 15 et 16 des Statuts de l'association, et dont M. de Dombasle n'avait pas connaissance, lorsqu'il a adressé son rapport à la Société d'Agriculture.

NOTES.

NOTE Ire.

Motifs de l'hommage de ce travail.

1° MESSIEURS les membres du Conseil supérieur du Commerce et des Colonies, et les membres du Conseil général d'Agriculture, s'ils jugent ce projet d'association utile et exécutable, jugeront aussi jusqu'où pourront être reculées les limites de l'importation des blés étrangers, pour favoriser l'exécution des réserves de blé indigène, à un prix plus élevé dans l'intérêt de l'agriculture, et l'époque à laquelle la fixation de nouvelles limites devra être l'objet d'une proposition législative.

2° Messieurs les banquiers de Paris, devant connaître parfaitement l'esprit de cette place, doivent apprécier aussi, mieux que tous autres, les Sociétés dont les actions pourront être cotées en hausse à la bourse, par des marchés non fictifs, mais réels.

3° C'est la morale des articles signés LAU...., dans la *Quotidienne*, qui m'a soutenu dans mes principes; et c'est à elle que je dois de chercher à vouloir être un de ces hommes dont M. MARTAINVILLE disait : « Que si on les jetait dans un brasier ardent, on retrouverait leur opinion » dans les cendres. » Si mes amis trouvent un peu absurde un pareil entêtement de ma part, c'est à M. LAURENTIE qu'ils doivent s'en prendre : comme aussi, il ne doit s'en prendre qu'à lui-même, si la partie morale de ce travail n'a pas son entier assentiment. Mais il sera indulgent à l'égard d'un écolier, qui est sorti de la pension de MM. JOUIN et FLEURIZELLE, pour aller faire toutes les campagnes de la révolution.

NOTE 2e.

Au nombre des mesures qui seraient les plus efficaces pour nous préserver de la crise qui menace notre existence agricole, on remarque celle qui est adoptée dans des états voisins, notamment en Prusse, où, lorsque les grains sont à vil prix, il est ordonné, pour le service militaire, de grands approvisionnemens de cette denrée, afin d'en relever le prix.

Si l'on pensait que les impôts, ne se payant pas d'avance, tout ce qu'on peut faire, c'est de former des approvisionnemens pour une année, il serait facile de démontrer que le gouvernement a en sa puissance les moyens de faire exécuter des approvisionnemens assez considérables, pour relever le prix de nos blés, et améliorer le pain de munition, sans qu'il en coûte à l'état un denier de plus que sous l'administration de MM. les comtes DÉJEAN, MARET et LACUÉ, depuis 1800 à 1814, administration que l'on cite pour la régularité et une sage économie.

Améliorer la principale subsistance des Français qui s'écriaient: *Ou l'assaut, ou le Roi!* et confier aux mains intègres du ministre de la guerre un régulateur, pour nous préserver de la trop grande baisse ou élévation du prix des grains; tous ces avantages, sans surcharge pour les contribuables, tel sera l'effet de la mesure tutélaire qu'il est au pouvoir du gouvernement de faire exécuter par l'intérêt personnel du commerce, pour nous faire bénir l'abondance de nos récoltes, et porter notre agriculture à son plus haut point de prospérité.

SA MAJESTE, ayant daigné exprimer à son avénement à la couronne, qu'*elle comptait sur les Français pour seconder ses efforts pour leur bonheur*, a prescrit à tous ses fidèles sujets de déposer aux pieds du trône le tribut de leur expérience. C'est donc remplir un devoir, de faire connaître que l'administration de 1800 à 1814, a laissé la faculté d'arrêter une mesure de salut pour l'agriculture, conformément aux représentations et aux vœux respectueux que la Chambre des Pairs a exprimés par l'organe de M. le marquis D'HERBOUVILLE, dans sa séance du 31 juillet dernier.

NOTE 3e.

D'après la mercuriale générale du prix des grains, qui est rapportée dans le Moniteur du 3 août dernier, où se trouvent aussi les représentations respectueuses de la Chambre des Pairs, le prix moyen pour le mois de juillet était de. . . . . 15 fr. 65 c.

	fr.	c.
Il était pour août de.	15	00
pour septembre de.	14	53
pour octobre de.	14	51
pour novembre de.	14	74
pour décembre de.	14	90
pour janvier de.	14	88
	88	56
Dont le sixième, pour obtenir le prix moyen, est de	14	76 } 15 65
A ajouter 6 pr o/o pour être égal au prix du jour où la Chambre fit ses représentations respectueuses. . . .	»	89 }

Ainsi, le moment de la crise semble se rapprocher toujours de plus en plus, puisque l'agriculture a perdu encore 6 p^r^ o/o de plus, pendant les six mois qui ont suivi les représentations que la Chambre des Pairs a exprimées par l'organe de M. le marquis D'HERBOUVILLE, qui était le rapporteur de la commission pour le budget.

NOTE 4e.

Qui aurait pu rester insensible à ces calamités ? Puisque je ne signe pas cet écrit, je puis donner la preuve de l'esprit qui m'animait alors comme il m'anime aujourd'hui : le journal de Paris du 14 juin 1816 a rapporté la distribution de froment qu'un particulier qui n'a pas voulu être connu a fait faire à l'occasion du mariage du duc de BERRY, dans la commune de..., alors que le blé y était déjà trois fois plus cher qu'aujourd'hui. Peut-être plantais-je alors un jalon, pour retrouver ma route, après les 8 années d'études que j'allais faire, sous le Français qui, armateur dès l'âge de 19 ans, s'est fait remarquer par ses opérations de change sur les premières places de l'Europe, et par une spéculation des plus considérables en grains, sur laquelle un pouvoir absolu, cet ennemi le plus dangereux du commerce, lui a fait perdre 35000 louis. C'est ce Français que M. de Calonne nommait l'ange tutélaire du royaume (Moniteur du 7 juillet 1792), et que la sollicitude et l'énergie de Monseig. le comte d'Artois arrachèrent deux fois à la mort, en faisant intervenir les états de Hollande, pour qu'il fût rendu à la liberté à Amsterdam où notre ambassadeur, subjugué comme la *convention* elle-même, par un pouvoir occulte sanguinaire, l'avait fait deux fois prisonnier, pour le faire conduire à Paris, où il serait arrivé à temps pour augmenter le nombre des victimes du 2 septembre. C'est de ce Français qu'un grand personnage son ami, le lord Moira, marquis Hastings, disait que son génie extraordinaire, résoudrait le problème proposé dans l'Encyclopédie française, pour le plus grand bonheur des peuples, savoir, la plus égale répartition des taxes, et leur plus exacte perception (le journal de Paris des 22 et 25 mars 1819, a donné une idée de cette solution par un impôt unique) ; c'est de lui que tous ses amis de Londres, lorsqu'il quitta l'Angleterre, disaient : « La France va recouvrer » un grand financier, la justice un ardent défenseur, et la sage liberté, un véritable ami. » (Journal de l'Albion du 31 janvier 1801.) C'est lui qui en 1817, a résolu le problème du mode des fournitures de la guerre *par une régie intéressée avec limite*, d'après la décision d'une commission du gouvernement, composée des quatre intendans militaires, Clarac, Perceval,

Berges et Volland, et présidée par le conseiller d'Etat de St.-Criq : c'est lui qui, dans son *Esquisse sur l'emprunt public*, publié en 1817, a prédit tous les désastres qui arriveraient à la bourse de Paris, en 1818; désastres que ses réflexions eussent prévenus, si nous avions été alors plus avancés en finances, et que les écoliers ne fussent pas devenus les maîtres (M. le baron Louis, comme tant d'autres, le consultaient à l'étranger). Monseig. le comte d'Artois avait-il raison de vouloir conserver ce Français à la France? Enfin c'est lui qui, victime d'un pouvoir arbitraire, m'a appris la veille de sa mort, « que le gouvernement représentatif où l'infaillibilité » du roi, en fait l'image de la Divinité, n'est lui-même qu'une vaste association dont le pouvoir exécutif est le moteur principal, pour en laisser » les profits uniquement aux citoyens, à condition qu'ils pourvoient à tous » les besoins de l'Etat. Car sans cela ce mode de gouvernement qui peut » nommer aux emplois tous les législateurs, et destituer ceux qui ne font » pas ce qu'il désire, serait une outrageante déception pour les citoyens; » si, outre l'avantage des emplois pour obtenir les majorités inséparables » de ce régime, des fortunes particulières pouvaient s'accroître par » le vote, en favorisant des entreprises dont le pouvoir exécutif et ses » amis retireraient les profits, ce ne serait plus une association, mais la » corruption personnifiée, et le deshonneur mis en mouvement, jusqu'à ce » que mort s'en suivît (1), surtout en France où la présence du véritable » honneur puisé dans la morale du divin législateur, fait toute notre » force, comme son absence finit par faire notre faiblesse. » C'est ce qu'exprimait si bien Monseig. notre évêque, DE FORBIN-JANSON, lorsqu'il nous disait à la St-Louis dernière : « La gloire, l'honneur et la vertu même, si » leur motif n'est puisé dans la religion, ne sont qu'un stérile orgueil fils de » *l'égoïsme* qui fait périr les nations qui se croient les plus fortes. »

NOTE 5e.

Ce mécontentement ne serait point consciencieux, et par conséquent de nul danger, si l'on pouvait sans compromettre aucun intérêt, aucune liberté, trouver un moyen pour que la défense fût à côté de l'attaque, dans nos catéchismes journaliers. Le mécontentement d'ambition subsisterait sans doute encore; mais il n'aurait plus le pouvoir d'égarer,

---

(1) « Telle était notre histoire en 1818 jusqu'à l'assassinat du Duc de BERRI » dit la gazette de France d'aujourd'hui 12 février, laquelle venait de dire plus haut « que *Louvel* fut « l'instrument des doctrines qui n'eurent sur lui action et puissance qu'à la faveur du plan « de conduite que s'était tracé *le ministère de cette époque*. » La gazette ajoute qu'elle ne parle pas des hommes, mais des choses. Ainsi point d'injuste allusion, pour la citation dogmatique ci-dessus.

de fanatiser les esprits ; de les faire passer avec tant de facilité, de la déconsidération au mépris, du mépris à la haine, et de la haine à tous les excès; témoin, etc. etc. Le citoyen qui aurait trouvé le moyen dont il s'agit, aurait bien mérité de ses semblables, et surtout de ceux dont la mission sur la terre est, avant toute chose, l'ordre moral des empires.

NOTE 6e.

Chez les peuples régis par une association du souverain avec ses sujets, nous disent les journaux, chez ces nations nouvelles où rien n'est arbitraire, pas même le bien, où la force est dans la sécurité de chaque citoyen, et la richesse dans le crédit public, le mot d'arriéré est proscrit; il faut que tout soit religieusement acquitté par l'État : vérité bien sentie par nos princes, aussi se sont-ils empressés de reconnaître toutes les dettes engendrées par les gouvernemens provisoires qui se sont succédé durant leur absence. Il en est qui disent que, sans parler des milliards en bloc, dont la révolution a grevé l'État, si l'on avait le temps de compter seulement ce qu'a coûté un objet bien secondaire, l'arriéré des fournitures avec les intérêts, on reconnaîtrait que la plaie de la légitimité coûtera encore moins à cicatriser, si les législateurs adoptent les bases qui sont établies. Sous le régime de la publicité, où les catéchismes journaliers des diverses religions font passer dans les esprits de toutes les classes, deux opinions diamétralement opposées, le gouvernement de fait et le gouvernement de droit, il est naturel que les uns se persuadent que l'indemnité n'ast pas due, et les autres, qu'elle est sacrée. Pour moi, qui ai lu les deux opinions opposées dans les journaux, je motiverai franchement la mienne, dût-elle m'attirer la désapprobation des personnes qui ne jugent les questions d'intérêts publics, que par un seul journal. Cependant, j'ose croire que ceux de mes concitoyens, qui ne lisent que le Constitutionnel, ne me suspecteront pas plus en cette circonstance, que les anonymes qui y font insérer leurs articles, car ils savent depuis long-temps que mon opinion est une opinion de conscience. Je dirai donc que mon père fut obligé, sous peine de mort, par un décret de la convention, de quitter le pays où il avait toutes ses propriétés, parce qu'il était envahi par l'ennemi; des plantations qui commençaient à produire, après 20 ans de travaux et de sacrifices, des murs élevés à grands frais, tout fut détruit. A son débarquement à Toulon, mon père allait, pour récompense, être jeté dans les prisons, comme ancien employé du Roi; il fallut que ses neuf enfans allassent se jeter aux pieds des représentans du peuple pour obtenir sa grâce. BONAPARTE lui-même, dit alors à moi et à un officier aujourd'hui Pair de France, qui était reçu avec lui chez mon père : « *Que voulez-vous que j'y fasse ? ce sont des fous qui » se croient patriotes, parce qu'ils ont assassiné leur Roi* ». (1) Mon père, obligé de traîner avec lui sa nombreuse famille durant la révolution, fut donc ruiné par elle. Quant à mon beau-père, qui était juge-consul du commerce de Nancy, on sait que ses relations commerciales étaient avec Londres, Francfort et l'Espagne, et qu'il a remboursé aux étrangers des sommes considérables, au moment du décret qui parut à leur égard ; que tous ses magasins furent vidés par le maximum ; que, fondateur de la fabrique de draps la plus considérable alors dans le pays et les départemens circonvoisins, il fut obligé en vertu de réquisitions de fabriquer des draps de troupe avec des laines fines d'Espagne, qu'il fut même forcé de nourrir les ouvriers qui ne pouvaient plus travailler à cause de la cherté du pain. Il est connu, que des particuliers de Nancy, qui existent encore, croyant avoir perdu dans les remboursemens qu'il leur avait faits, il leur distribua 76 mille francs en or, qu'il acheta à la rentrée de l'argent, pour les indemniser au sou et denier, sur leur simple déclaration, de la perte qu'ils avaient éprouvée ; qu'enfin, après avoir perdu par les réquisitions, par le maximum et les assignats, une fortune de cinq cent mille francs, il fut jeté dans les prisons de la liberté. Cependant, si mon père et mon beau-père vivaient encore, ils diraient à leurs nombreux fils et petits-fils : « *La généralité a vu commencer la révolution avec une tranquille curiosité, et la » généralité doit en subir les douloureuses conséquences, parce qu'il est » aussi impossible d'apprécier et de payer toutes les pertes, que de faire » revivre ceux qui sont morts sur les échafauds de l'égalité.* » Ils diraient qu'ils n'ont rien à réclamer, et que l'indemnité est due seulement aux Français, dont nous n'avons pas tardé à partager la terreur, lorsqu'ils se virent obligés d'abandonner leur propriété à la garde de la justice éternelle. Ils diraient : Bénis soient les princes qui nourrissaient cette dette sacrée dans leur cœur ! honneur à tous ceux qui vont associer leur nom à ce grand acte de justice ! honneur à l'illustre guerrier, qui, le premier dans le sanctuaire des lois, agitant la question de l'indemnité, a prouvé le véritable patriotisme. Honneur aux hommes de la fidélité, qui, dans le noble orgueil de leurs souffrances, n'oublient pas ce que leur roi et leur patrie attendent d'eux en cette

(1) Singulière et malheureuse destinée que celle de cet homme si fameux, qui, pour être roi, gendre de roi et retremper la noblesse, a dû ensanglanter lui-même les premières marches du trône en face de toute l'Europe effrayée, depuis qu'elle avait vu renverser, avec une tranquille curiosité, le trône et l'autel, ce principe éternel des sociétés !

circonstance majeure, pour que l'indemnité ne soit point la boîte de Pandore! Ils reconnaîtront que ce qui va être restitué, n'étant pas ôté aux uns, pour être donné aux autres, renchérira la consommation sur laquelle retombent en définitif tous les impôts, et par conséquent augmentera les difficultés de ceux qui ont déjà tant de peine à vivre. Voilà ceux qui s'entendent le mieux avec les hommes de la foi pour tout supporter avec résignation, pourvu qu'ils aient un Bourbon sur le trône. Les enfans des uns, et les terres des autres ont été confisqués au profit d'une terrible révolution, et aucun n'aurait de regrets si le 21 janvier pouvait être effacé de notre histoire. Qui nous indemnisera du Roi et de la Reine! — Notre union. — Cela paraît impossible : car, tant qu'on n'aura pas trouvé et mis en usage le moyen souhaité par la note 5e, il faudrait avoir l'esprit bien préoccupé de ses propres intérêts, pour ne pas apercevoir que, par le système actuel, il se forme deux opinions ennemies, dont l'une, fruit de l'erreur, mais redoutable, n'attend qu'un événement quelconque, pour étourdir par le nombre et reprendre la direction des affaires, en engendrant des arriérés qui finiront pas coûter plus que tout le sol de la France.

NOTE 7e.

Un fait récent vient à l'appui de cette assertion de M. de Dombasle. M.***, un de mes oncles, avait acheté, il y a trois ans, la récolte de blé de la terre de Salival près Château-Salins, non pour être emmagasiné, mais pour être livré de suite à des boulangers de Nancy, et à leur porte, à raison de 12 fr. 50 cent. l'hectolitre, du poids de 162 livres, marc, par conséquent à un prix aussi bas qu'aujourd'hui, vu la qualité du blé. Cependant au second transport de ces blés qu'il accompagnait lui-même, il fut assailli à un quart de lieue de Nancy, par des manœuvres et des ouvriers de la ville qui méconnaissant leur propre intérêt, étaient allés à sa rencontre, pour l'accabler de cette déplorable épithète d'accapareur : et comme ils étaient près même d'en venir à des voies de fait, cet honnête citoyen eut la prudence de se réfugier dans une maison, en attendant que l'autorité pût venir à son secours. Il serait donc impossible d'espérer de long-temps le moindre succès d'une association du genre de celle dont il s'agit, pour la ville de Nancy. Mais il n'en est plus de même aujourd'hui dans aucune autre partie de la France. Il ne serait pas étonnant qu'un esprit de localité influençât le jugement de la plupart des honnêtes citoyens du département de la Meurthe, quant à la difficulté des réserves à exécuter par le commerce. Cependant il serait utile qu'ils commençassent à comprendre ou à faire comprendre notre nouvelle forme de gouvernement, laquelle veut rigoureusement pour condition de la prospérité publique, que l'administration ne fasse que ce que le commerce ne peut faire lui-même. Aussi, nos voisins de qui nous tenons cette forme de gouvernement, comptent-ils 92 associations commerciales qui se sont formées seulement durant l'année dernière. En définitif, et pour ne plus y revenir, nous pensons qu'il serait aussi absurde qu'un gouvernement absolu n'entreprît pas lui-même les réserves de blé, qu'il serait imprudent aux ministres d'un gouvernement représentatif, d'en faire des articles de recettes et de dépenses dans leur budget, parce que s'ils n'avaient pu prévoir tous les besoins dans les temps de cherté, la liberté de la presse inhérente à ce gouvernement, est là pour les accuser et les renverser par les *masses* qu'elle aurait soulevées, puisque *masses* il y a.

NOTE FINALE.

Des amis qui voient notre prospérité par les doctrines du *Constitutionnel*, avec le même esprit de conviction que je la vois par celles des journaux opposés, ces amis, à qui je dois plus que la vie, mais non l'abandon de mes principes, veulent bien me dire que l'association projetée présentera des avantages certains à ceux qui en feront partie; mais que je devrais en effacer la couleur, parce qu'elle empêchera de riches capitalistes de s'y intéresser. A cela je leur réponds par les propres paroles de mon ami ******, avec lequel je m'étais entretenu, sur la fin de 1823, d'une association dont les actions seraient avantageusement négociées, et en lui disant qu'on le chargerait volontiers d'en garantir le placement, s'il n'avait pas rempli l'emprunt des *cortès*, parce qu'on craignait que ce motif n'offusquât notre gouvernement, de qui dépendrait la Société projetée. « Mon cher ***, me » dit-il, je ne vous ai jamais pris pour un niais, et vous voudriez me faire » croire que votre séjour en province vous a tourné l'esprit. Comment pou- » vez-vous croire que le gouvernement, aucun capitaliste et moi, nous se- » rions assez fous pour refuser une affaire qui nous présenterait avantage et » sécurité? Quant à l'emprunt des *cortès*, vu ce principe d'avantage et de sé- » curité, duquel on ne doit jamais se départir pour les écus qui n'ont que » leur couleur naturelle, je n'aurais pas été assez inconséquent pour traiter » de cet emprunt en l'absence des ambassadeurs des puissances étrangères à

» Madrid : et ma pénétration ne va pas jusqu'à voir l'illégitimité d'un » gouvernement dans un pays où les souverains légitimes sont représentés, » etc, etc. » Mais ce qui m'a le mieux prouvé la justesse des raisons de mon ami, c'est qu'il n'a pas tardé à faire partie, ainsi que M. Lafitte, des banquiers qui ont traité avec notre gouvernement pour l'opération majeure de la réduction du taux de l'intérêt de l'argent en France : réduction que le souverain comme placé le plus haut, pour apercevoir jusqu'à la propriété la plus reculée de son royaume, avait jugée nécessaire à l'intérêt de tous, parce qu'il nous voit tous. Mais, sous le gouvernement représentatif, les vues les plus patriotiques peuvent être traversées par d'autres que l'on croit encore meilleures. Comme il ne s'agissait pour cette question que de la religion des écus, nous ne dirons pas : la Vérité, fille du Ciel, mais la Vérité, fille du Temps, nous apprendra qui avait raison.

BIBLIOTHÈQUE ROYALE

Cet écrit distribué à Messieurs les Pairs *de France et les* Députés, *sera livré au profit du monument à élever à* STANISLAS.

Prix 1 franc.

Chez Mme veuve Bontoux, à Nancy.

Chez Petit, Libraire, au Palais-Royal, à Paris.

A NANCY, chez HÆNER, Imprimeur.

www.ingramcontent.com/pod-product-compliance
Ingram Content Group UK Ltd.
Pitfield, Milton Keynes, MK11 3LW, UK
UKHW021646260726
13994UKWH00003B/1312